Unternehmenserfolg durch Unternehmenskultur

Gunther Olesch

Unternehmenserfolg durch Unternehmenskultur

Wie Sie exzellentes Human Relations Management gestalten

1. Auflage

Haufe Group
Freiburg · München · Stuttgart

Bibliografische Information der Deutschen Nationalbibliothek

Die Deutsche Nationalbibliothek verzeichnet diese Publikation in der Deutschen Nationalbibliografie; detaillierte bibliografische Daten sind im Internet über http://dnb.dnb.de/ abrufbar.

Print: ISBN 978-3-648-16057-2   Bestell-Nr. 14158-0001
ePub: ISBN 978-3-648-16058-9   Bestell-Nr. 14158-0100
ePDF: ISBN 978-3-648-16059-6   Bestell-Nr. 14158-0150

Gunther Olesch
Unternehmenserfolg durch Unternehmenskultur
1. Auflage, Juni 2022

© 2022 Haufe-Lexware GmbH & Co. KG, Freiburg
www.haufe.de
info@haufe.de

Bildnachweis (Cover): © Prostock-studio, Adobe Stock

Produktmanagement: Dr. Bernhard Landkammer
Lektorat: Dr. Michael Sellhoff

Inhaltsverzeichnis

Prolog

Sehr geerte Leserin, sehr geehrter Leser, ich möchte Ihnen mit diesem Buch Inspiration geben, wie Sie Mitarbeitende für ihre Arbeit begeistern können und dadurch Ihr Unternehmen erfolgreicher machen. Denn nur hoch motivierte Mitarbeitende werden wie auch im Sport alles tun, damit ihre Mannschaft gewinnt. Ich möchte Sie inspirieren und nehme mir dabei den folgenden Satz zu Herzen:

> *Wenn Du ein Schiff bauen willst, dann rufe nicht die Menschen zusammen, um Holz zu sammeln, Aufgaben zu verteilen und die Arbeit einzuteilen, sondern lehre sie die Sehnsucht nach dem großen, weiten Meer.*
> (Antoine de Saint-Exupéry)

Um Ihnen mit diesem Buch die Möglichkeit zu geben, mit begeisterten Mitarbeitenden die Zukunft Ihres Unternehmens erfolgreich zu gestalten, schreibe ich dieses Buch nicht als Berater oder Wissenschaftler, sondern als Praktiker: Als Geschäftsführer konnte ich mit meinem Team 20 Jahre lang einen Beitrag dazu leisten, Phoenix Contact zu einem weltweiten Marktführer seiner Branche und zu einem der besten Arbeitgeber zu entwickeln.

Den Umsatz von Phoenix Contact konnten wir von 2001 bis 2021 um 500 Prozent steigern und das Unternehmen zu einem der besten Arbeitgeber Deutschlands entwickeln. Zwölfmal wurde es die Nummer eins in verschiedenen Wettbewerben zum Thema Human Relations und Mitarbeitenden-Zufriedenheit. Dieses Buch soll aufzeigen, wie dieser überdurchschnittliche Erfolg insbesondere durch einen Kulturwandel möglich geworden ist.

Um das Buch für Sie, lieber Leserin, lieber Leser, aufzulockern, habe ich diverse Videos von Vorträgen und Interviews eingestellt, die zu dem jeweiligen Kapitel passen. Sie können diese mit Hilfe der QR-Codes abrufen und ansehen.

Video: Interview »Kulturwandel«

In den folgenden Kapiteln werde ich beschreiben, wie wir bei Phoenix Contact eine HR-Vision formuliert, mit Leben gefüllt und zum Erfolg des Unternehmens umgesetzt haben. Dabei richtet sich dieses Buch an verschiedene Personen einer Unternehmung. Einmal wendet es sich an den Beirat bzw. Aufsichtsrat, der entscheidet, welche Gewichtung Human Relations in Geschäftsführung bzw. Vorstand eines Unternehmens einnimmt. Der Beirat bzw. Aufsichtsrat bestimmt schließlich, ob ein Human-Relations-Manager Mitglied in der Geschäftsführung bzw. dem Vorstand wird oder auch nicht. Mein Buch richtet sich auch an die Geschäftsführung bzw. den Vorstand selbst, die über die Gewichtung von Human Relations in ihrem Wirkungskreis entscheiden. Ist HR dabei ein Dienstleister oder ein Lenker des Unternehmens? Ich bin ein überzeugter Verfechter des Letzteren.

Selbstverständlich richte ich das Buch an HR-Manager und HR-Mitarbeitende, die inspiriert werden wollen, ihre Arbeit erfolgreicher zu gestalten. Schließlich sollen Manager aus allen Bereichen eines Unternehmens Anregungen erhalten, ihre Führungsaufgabe optimaler wahrzunehmen. Das Buch soll weiterhin HR-Consultants praktische Erfahrungen aus dem Top-Management vermittelt, damit sie ihre Angebote und Beratungstätigkeiten noch kundengerechter anbieten können. HR-Wissenschaftler schließlich können die geschilderten Visionen, Strategien und abgeleitete Aktivitäten in ihre Forschung einbringen, um sie praxisnah umzusetzen.

Ich bezeichne diejenige Unternehmenseinheit, die für Personalthemen zuständig ist, als Human Relations. Vor über 40 Jahren hieß sie Personalverwaltung und administrierte ausschließlich. Danach wurde sie Personalmanagement genannt. Durch den amerikanischen Einfluss erhielt sie zunächst den Begriff Human Capital und anschließend Human Resources. Beide Begriffe halte ich nicht für zutreffend, weil Mitarbeitende nicht als reines Kapital oder Ressource des Unternehmens betrachtet werden sollten. Daher bevorzuge ich den Begriff Human Relations. Es geht um die Beziehungen aller Beteiligten und der Partner eines Unternehmens. Sind diese bestens gestaltet, dann ist die Unternehmenskultur exzellent und das Unternehmen wird besonders erfolgreich sein.

Zugrunde liegt all dem die folgende Haltung:

> *Wer die Menschen behandelt, wie sie sind, macht sie schlechter.*
> *Wer Menschen behandelt, wie sie sein könnten, macht sie besser.*
> (nach Johann Wolfgang von Goethe)

1 Warum sind Visionen wichtig?

Visionen sind positive Vorstellungen der Zukunft, die man für ein Unternehmen schaffen will. Eine Vision gibt die Richtung an, in die sich ein Unternehmen entwickeln soll. Sie sollte immer inspirierend und motivierend sein. Visionen geben Menschen und Organisationen Orientierung. Sie sind wie der Nordstern, der den Menschen seit Jahrhunderten gerade in Dunkelheit den Kurs vorgibt. Manchmal kann man ihn nicht sehen, weil er sich hinter Wolken befindet oder die Sonne ihn mit ihrer Helligkeit überstrahlt. Aber wir wissen, dass er immer da ist und wir ihn wieder sehen werden. Den Nordstern selbst werden wir nie erreichen, er dient uns aber stets zur Orientierung. Diesen Nordstern bzw. eine Vision benötigt jedes Unternehmen, um erfolgreich zu werden und die Mitarbeitenden zu begeistern.[1]

1.1 Beispiele visionärer Manager

Bill Gates erkannte bereits als Jugendlicher, wie wichtig eine Vision ist. Frei formuliert lautete sie: In jedem Büro und in jedem Haus braucht es einen Computer!

Die Fachwelt belächelte ihn und war damals der Überzeugung, dass vier Großrechner für den IT-Bedarf der Welt ausreichen. Man begegnete Bill Gates mit einiger Ablehnung. Er ließ sich nicht beirren und gründete mit seiner Vision das Unternehmen Microsoft. Heute befinden sich in jedem Büro und Haus mehrere Computer und Bill Gates wurde zu einem der reichsten Männer der Welt.

> *Microsoft was founded with a vision of a computer on every desk,*
> *and in every home. We've never wavered from that vision.*
> (Bill Gates)

---

1   Vgl. Olesch, G. 2010 a.

Ein weiteres Beispiel für visionäres Management ist Elon Musk. Seine Vision laute-te: Das überzeugendste Autounternehmen des 21. Jahrhunderts schaffen, das den Übergang zu Elektrofahrzeugen vorantreibt!

Tesla steht für diese Mission: Die Beschleunigung des Übergangs zu nachhaltiger Energie. Tesla wurde 2003 von einer Gruppe von Ingenieuren gegründet, die bewei-sen wollten, dass Elektrofahrzeuge keinen Kompromiss bedeuten, sondern mehr Leistung, Beschleunigung und Fahrspaß bieten können als Benziner.

Viele etablierte Autounternehmen mit den dominierenden Verbrennungsmotoren haben ihn belächelt. Gerade die weltweit erfolgreiche deutsche Automobilindustrie erkannte lange Zeit nicht, wie recht Elon Musk mit seiner Vision in Zeiten des Klima-wandels hat. Sie verschliefen zunächst den Anschluss an die Elektromobilität. 2021 wurden in Deutschland erstmals mehr Teslas verkauft als VW Golf. So wurde aus einer Vision das weltweit wertvollste Automobilunternehmen – wertvoller als alle deut-schen Automobilbauer wie VW, Audi, BMW, Porsche, Mercedes Benz etc. zusammen.

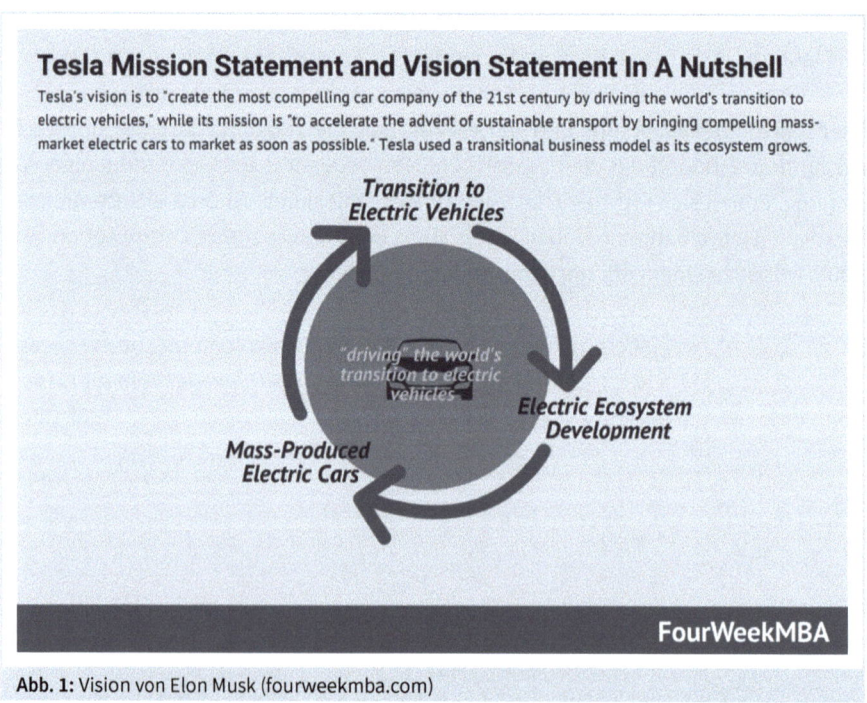

Abb. 1: Vision von Elon Musk (fourweekmba.com)

Es gehört eine gehörige Menge Resilienz dazu, um sich gegen die Widerstände der großen Konzerne durchzusetzen. Um sich zu motivieren und nicht aufgeben, sagte der Tesla-Mitgründer:

> *Wenn dir etwas wichtig ist, dann tust du es,*
> *auch wenn die Chancen gegen dich stehen!*
> (Elon Musk)

Mein drittes Beispiel eines visionären Managers ist Steve Jobs. Seine zentrale Vision lautete:

> *Wenn Du an etwas Spannendem arbeitest, das dir wirklich am Herzen liegt,*
> *musst Du nicht gedrängt werden. Die Vision zieht dich.*
> (Steve Jobs)

Steve Jobs baute Apple mit unglaublichem Engagement auf. Er arbeitete teilweise Tag und Nacht und sehr hart an neuen Ideen. Und dann verlor er alles, als er von Apple die Kündigung erhielt. Was muss das für eine emotionale Niederlage gewesen sein? – Jobs reagierte mit der Haltung: »It's not a shame to fall, it's only a shame not to get up.«

Schließlich holte Apple ihn wieder zurück und Steve Jobs präsentierte der Welt das erste iPhone und machte Apple zu einem der wertvollsten Unternehmen der Welt. Resilienz und Ausdauer gehörten auch bei ihm zum Erfolgsrezept.

Ich empfehle jedem, der etwas Neues schaffen will, sei es ein Produkt, eine Dienstleistung, eine Erfindung oder gar eine exzellente Unternehmenskultur, sich die Worte dieser drei Visionäre zu merken. Wenn man neue oder andere Wege als bisher gehen will, kann man sich verlaufen. Wenn man z. B. einen Kulturwandel schaffen will, wird man Widerständen aus den eigenen Reihen und dem eigenen Unternehmen begegnen und Niederlagen hinnehmen müssen. Das ist mir auch passiert, was ich im Weiteren näher beschreiben werde. Wenn ich verzweifelt war, dass meine Vision nicht angenommen wurde oder eine für mich wichtige Idee kein Gehör fand, habe ich mir den Spruch von Steve Jobs zu Herzen genommen, dass es keine Schande ist zu fallen, sondern nur, nicht wieder aufzustehen.

1.2   Folgen mangelnder Vision

Ich erlebte in meinem beruflichen Werdegang auch, wie ein ehemaliger Arbeitgeber von mir durch mangelnde Visionen gestrauchelt ist. Von 1979 bis 1984
war ich parallel zu meiner Promotion in einer Personalberatung tätig, die haupt-
sächlich für Aktiengesellschaften tätig war. 1985 erhielt ich das Angebot eines
Auftraggebers, zu ihm zu wechseln. Es handelte sich um den Thyssen-Konzern.
Dort war es meine Aufgabe, die Weiterbildung aufzubauen, als zu dieser Zeit
das Thema Personnel Development aus Amerika nach Europa kam. Nach einem
halben Jahr Tätigkeit bat ich meinen Vorgesetzten aus dem Top-Management
um ein Gespräch. Ich schilderte, dass Thyssen Stahl für die Automobilindustrie
produziere, die ein A-Kunde war. Es war bereits bekannt, dass weltweit Öl knap-
per wird, wodurch die Benzinpreise steigen werden. Zu dem damaligen Zeitpunkt kostete ein Liter Super-Benzin umgerechnet 0,52 Euro. Sollten wir daher
nicht mehr Kunststoffe produzieren, da sie ein Auto leichter machen? Mein Chef
antwortete: »Junger Mann, machen sie sich um die Zukunft nicht so viele Gedanken. Stahl wird immer gebraucht.«

Heute ersetzen 100 Kilogramm Kunststoff wie Polypropylen durchschnittlich
die zwei- bis dreifache Menge an Metallen, was bei einer Gesamtlaufleistung
von 150.000 Kilometern zu einer Einsparung von rund 750 Liter Kraftstoff führt.
Außerdem bieten Kunststoffe einen erhöhten Komfort, weil das Auto leiser
wird, da sie den Schall viel besser dämpfen als Metalle.

1986 beschäftigte Thyssen ca. 250.000 Mitarbeitende und Krupp ca. 120.000,
also eine stattliche Zahl von zusammen 360.000 Personen. Heute beschäftigten
beide zusammen als ThyssenKrupp AG 101.000 Mitarbeitende weltweit. Das
kommt davon, wenn man keine Visionen entwickelt und umsetzt. Visionär ge-
führte Unternehmen wie Microsoft, Apple und Tesla hatten stets die Zukunft
fest im Blick und sind daher gewaltig gewachsen.

Fünf Jahre war ich im Thyssen-Konzern tätig, hatte die Weiterbildung aufgebaut
und sie schließlich geleitet. Ich rannte jedoch gegen Windmühlen, wenn es
darum ging, das Unternehmen mehr visionär auszurichten. Getreu dem Motto
»Change it, love it or leave it – but don't whine« verließ ich 1989 das Unternehmen, um bei Phoenix Contact anzufangen. Hier hatte ich die Überzeugung, dass
visionäres Managen möglich ist.

Video: Vortrag »Visionäres Management und Führen mit Begeisterung«

1.3   Human-Relations-Vision

Bill Gates, Steve Jobs und Elon Musk sind für mich stets Vorbilder und haben mich stark beeinflusst, visionäres Management zu praktizieren. Ich weiß, dass Steve Jobs und Elon Musk nicht immer einen guten menschlichen Umgang mit ihren Mitarbeitenden pflegten. Das halte ich für falsch, da ich Anhänger einer ethischen und menschzentrierten Führung bin. Was mich dennoch an diesen Personen begeistert, sind ihre technologischen Entwicklungen, mit denen sie die Welt verändert haben. Das taten sie mit viel Engagement und Herzblut sowie einem starken Willen gegen alle Widerstände ihrer Zeit.

Aus diesen Erkenntnissen habe ich meine eigene berufliche Sinnstiftung entwickelt und mir dabei ein Motto des österreichischen Pädagogen Hermann Gmeiner zu Herzen genommen: »Alles Große in der Welt geschieht nur, weil jemand mehr tut als er muss.« Aus dieser Motivation heraus habe ich Mitte der Neunzigerjahre als Personalmanager die HR-Vision für Phoenix Contact definiert:[2]

»Wir wollen einer der besten Arbeitgeber sein und bei Arbeitgeberwettbewerben die Bronze-, Silber- oder Goldmedaille gewinnen.«

Wir sind einer der besten Arbeitgeber

Abb. 2: Human-Relations-Vision

---

2   Vgl. Olesch, G. 2013.

1.4 Zufriedenheit der Mitarbeitenden erzeugt hohe Performance

Warum habe ich gerade diese Vision definiert? Wenn ein Arbeitgeber vieles tut, damit sich die Mitarbeitenden in der Firma wohlfühlen und Freude an der Arbeit haben, werden sie das Unternehmen durch ihre exzellente Performance erfolgreicher machen. Prof. Dr. Heike Bruch von der Universität St. Gallen forscht seit langer Zeit an dem Einfluss von Zufriedenheit der Mitarbeitenden auf den Unternehmenserfolg.[3] In zahlreichen Untersuchungen konnten sie und ihr Team nachweisen, dass, wenn die Zufriedenheit und Identifikation der Mitarbeitenden mit ihrem Unternehmen überdurchschnittlich sind, Umsatz, Rendite und Innovationsrate ebenfalls überdurchschnittlich sind.[4] Das Gegenteil gilt für Unternehmen mit unterdurchschnittlicher Zufriedenheit und mangelnder Identifikation der Mitarbeitenden. Somit ist die Zufriedenheit der Mitarbeitenden ein elementarer Schlüssel für den wirtschaftlichen Erfolg eines Unternehmens.

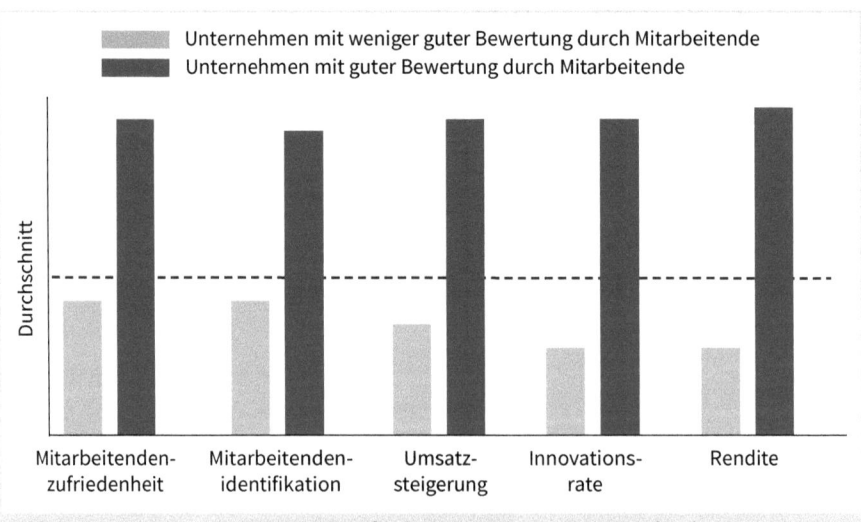

Abb. 3: Zusammenhang von Mitarbeiterzufriedenheit und Unternehmenserfolg (nach Bruch, H. 2011)

---

3   Vgl. Bruch, H./Fischer, J., 2014.
4   Bruch, H./Vogel, B. 2015.

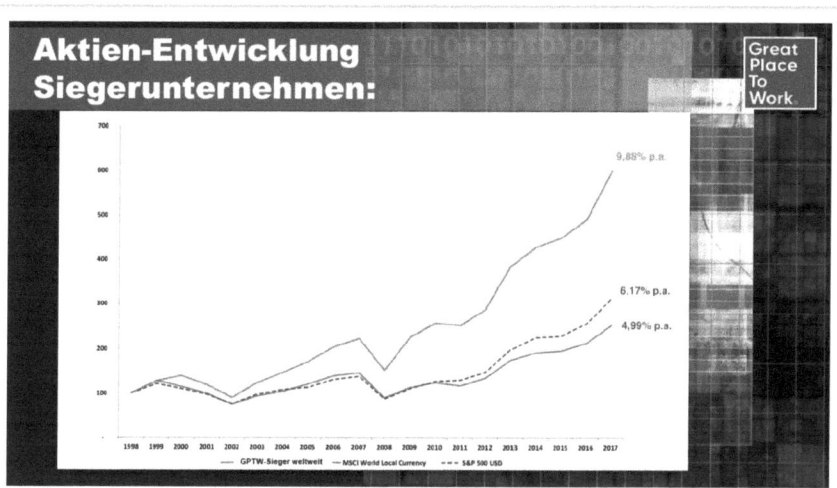

Abb. 4: Korrelation von Unternehmenserfolg und gutem Abschneiden bei »Great Place to Work«-Wettbewerben (Great Place to Work, 2017)

Von 1998 bis 2017 hat das »Great Place to Work«-Institut in den USA verfolgt, wie sich die Zufriedenheit der Mitarbeitenden auf den Aktienkurs auswirkt. Durch eine höhere Zufriedenheit wuchs der Unternehmenswert am Aktienmarkt zehnmal stärker als in durchschnittlichen Unternehmen. Es wurde 20 Prozent mehr Umsatz generiert als in vergleichbaren Unternehmen derselben Branche. Das Mitarbeiterengagement war 1,4-mal höher als in durchschnittlichen Organisationen.

Die Zufriedenheit der Mitarbeitenden wird stark von der Unternehmenskultur geprägt. Ich verstehe Unternehmenskultur als den guten und wertschätzenden Umgang aller Beteiligter miteinander. Sie wird durch gemeinsame Werte getragen. Partnerschaftlichen Umgang auf Augenhöhe haben wir bei Phoenix Contact 2001 als ein Unternehmensleitbild veröffentlicht:

Partnerschaftlich vertrauensvoll
Unser Tun
wird von wechselseitig verpflichtendem Geist,
von Freundlichkeit und Aufrichtigkeit getragen.
Unsere Beziehungen
zu Kunden und Geschäftspartnern sind
auf beiderseitig nachhaltigen Nutzen ausgerichtet.
Unsere Unternehmenskultur
fördert Vertrauen und die Entwicklung der Mitarbeiter
zum Erreichen vereinbarter Ziele.

Was bedeutet dieser Wert? Wenn jemand etwas für mich tut, bin ich verpflichtet, auch für ihn etwas zu tun. Freundlichkeit bedeutet, dass sich zum Beispiel alle Mitarbeitenden im Unternehmen grüßen sollen.

> So bin ich häufiger mit Besuchern über das Werksgelände gegangen, die dann von Mitarbeitenden gegrüßt wurden. Darauf hatten mir die Besucher oder Kunden gesagt, dass sie diese Gesten als sehr freundlich und sympathisch wahrnehmen und sich dadurch besonders bei uns wohlfühlten.

Das ist eine gute Voraussetzung, einen Kunden oder Bewerber für das Unternehmen zu gewinnen. Dadurch kann man Beziehungen zu Geschäftspartnern nachhaltig festigen. Einer der ersten Kunden, den Phoenix Contact gewonnen hat, war 1923 die RWE AG. Sie ist heute immer noch Kunde. Das ist Nachhaltigkeit von Beziehungen.

Die Entwicklung der Mitarbeitenden ist ebenfalls ein wichtiger Wert. Wenn man wie Phoenix Contact in Innovationen top sein will, muss man die Mitarbeitenden durch gezielte und umfassende Entwicklungsmaßnahmen stets auf dem neuesten Know-how-Stand halten. Zu diesem Zweck hat das Unternehmen immer schon Aus- und Weiterbildung betrieben. Für ein professionelles Trainingscenter habe ich mich jahrelang eingesetzt. 2016 wurde es schließlich für 35 Mio. Euro mit 13.000 Quadratmetern gebaut, um den Mitarbeitenden umfangreiche Qualifikationsmöglichkeiten für Innovation und Unternehmenskultur zu bieten. Diese Investition dokumentierte auch unseren Mitarbeitenden die hohe Wertschätzung, die sie vom Management erfahren.

Wie haben sich nun die Unternehmenskultur und die Zufriedenheit sowie Identifikation der Mitarbeitenden auf den wirtschaftlichen Unternehmenserfolg ausgewirkt?

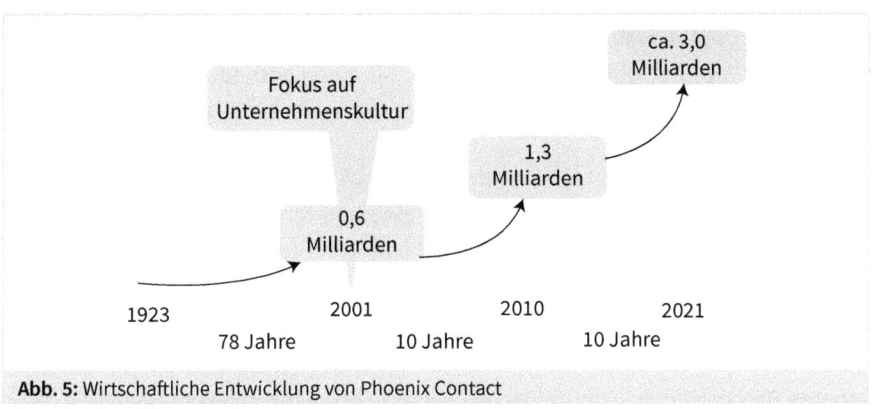

Abb. 5: Wirtschaftliche Entwicklung von Phoenix Contact

Phoenix Contact wurde 1923 gegründet. Nach 78 Jahren wurde 2001 ein Jahresumsatz von 600 Millionen Euro erreicht. Dabei wurde das Unternehmen von geschäftsführenden Gesellschaftern als Familienunternehmen geführt. Zu Beginn des
Jahres 2001 wurde eine fünfköpfige Geschäftsführung aus eigenen Reihen berufen,
zu der auch ich gehörte. In diesem Jahr begann ich mit dem HR-Team den Fokus auf
Unternehmenskultur mit der erwähnten Vision zu setzen: »Wir sind einer der besten
Arbeitgeber.« In den folgenden knapp zehn Jahren hat sich der organisch gewach-
sene Jahresumsatz mehr als verdoppelt. Von 2010 bis 2021 konnte er noch einmal
mehr als verdoppelt werden, nämlich von 1,3 Milliarden Euro Umsatz auf fast 3.0 Milliarden Euro. Das ist u.a. durch eine exzellente Unternehmenskultur möglich, die
eine hohe Identifikation und Performance aller Mitarbeitenden generiert. Den Weg
dahin werde ich im Weiteren beschreiben.

1.5   Gewinnen von Mitarbeitenden

Phoenix Contact ist ein reines B2B-Unternehmen. Kein Produkt wird direkt an Kon-
sumenten wie du und ich vertrieben. Sie können die Produkte noch nicht einmal im
Baumarkt kaufen. Daher waren wir den meisten qualifizierten Menschen, die wir als
Mitarbeitende gewinnen wollten, nicht bekannt. Hinzu kommt beispielsweise, dass
die Zentrale des Unternehmens in einem ländlichen Gebiet in Ostwestfalen liegt. Bekannte Arbeitgeber von Konsumprodukten wie BMW und Microsoft in München oder
Porsche bei Stuttgart können ambitionierte Fachkräfte leichter gewinnen. Sie sind
als Marke populär und haben ihren Standort in attraktiven Städten.

Die HR-Vision sollte deshalb auch dazu dienen, exzellente Mitarbeitende zu gewinnen. Ich war 2001 der Überzeugung, dass wir als einen besonderen Trumpf eine attraktive Arbeitgebermarke entwickeln mussten, um gute Leute zu bekommen.

> Der Wettbewerb unter den Unternehmen wird in Zukunft nicht mehr ausschließlich durch die Marke der Produkte, sondern durch die Marke als Arbeitgeber stattfinden.

Aus dieser Erkenntnis heraus wollte ich durch die HR-Vision eine exzellente Arbeitgebermarke für Phoenix Contact entwickeln, um gute Fachkräfte zu einem wenig bekannten Unternehmen in die ländliche Region zu bewegen. Die Voraussetzung dafür ist wieder eine hervorragende Unternehmenskultur, die durch die Mitarbeitenden auf Kununu, Glasdoor, Xing, LinkedIn, Facebook, Instagram und durch Mundpropaganda verbreitet wird. Wie das erfolgreich umgesetzt worden ist, werde ich später genauer beschreiben. Ich will Sie jedoch jetzt neugierig machen.

Von 2001 bis heute wurde Phoenix Contact sechsmal zum drittbesten, neunmal zum zweitbesten und zwölfmal zum besten Arbeitgeber Deutschlands in verschiedenen Arbeitgeberwettbewerben gekürt. Dadurch haben wir unsere Möglichkeiten deutlich ausgebaut, qualifizierte Mitarbeitende für unser Unternehmen zu gewinnen.

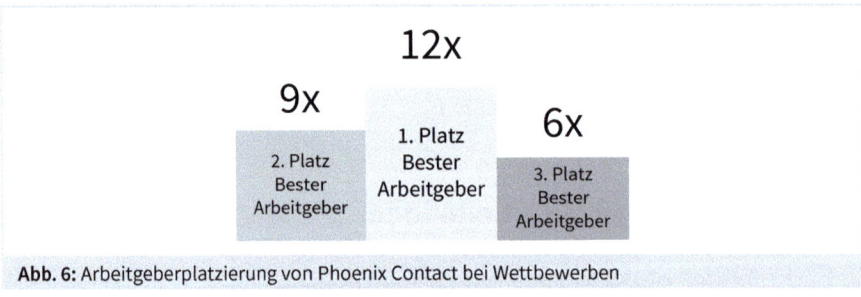

Abb. 6: Arbeitgeberplatzierung von Phoenix Contact bei Wettbewerben

Während in den letzten Jahren bei einem Unternehmen mit durchschnittlicher Zufriedenheit der Mitarbeitenden die Besetzungsquote des Personalbedarfs bei 74 Prozent[5] lag, konnte Phoenix Contact 95 Prozent der Stellen besetzen. Durch die um-

---

5   Arbeitgeber Metall+Elektro, 2019.

fangreiche Einstellung von Fachkräften konnten wir neue Produkte schneller entwickeln und auf den Markt bringen als die Wettbewerber.

1.6   Binden von Mitarbeitenden

Es ist ein teurer Verlust, wenn gute Mitarbeitende das Unternehmen verlassen. Da gerade die Besten gehen, dauert es meist mehrere Jahre, um jemanden auf das hohe Niveau des Vorgängers zu entwickeln. Zugleich werden Mitarbeitende, die sich im Unternehmen wohlfühlen, selten auf andere Arbeitsangebote eingehen. Ich selbst wurde während meiner Tätigkeit bei Phoenix Contact häufig von Headhuntern angerufen. Sie boten mir Positionen mit höherem Gehalt und attraktiven Vertragszusagen an. Ich lehnte stets freundlich mit der Begründung ab, dass ich nicht primär für Geld oder für einen Arbeitsvertrag mit vielen Angeboten arbeite, sondern mit dem Herzen für ein Unternehmen, das ich sehr mag. Das erinnert sie, liebe Leserinnen und Leser, an das bereits genannte Zitat von Steve Jobs: »Wenn du an etwas Spannendem arbeitest, das dir wirklich am Herzen liegt, musst du nicht gedrängt werden. Die Vision zieht dich.« Während in Unternehmen mit durchschnittlicher Kultur die Fluktuation bei ca. elf Prozent liegt, beträgt sie bei Phoenix Contact nur einem Prozent.[6]

Durch die erwähnten Aktivitäten konnten wir gegenüber Unternehmen mit durchschnittlicher Kultur unsere Personalkosten um sieben Prozent senken. Dadurch, dass die Zufriedenheit und Identifikation der Mitarbeitenden höher als in anderen Unternehmen sind, konnten wir den Umsatz außergewöhnlich steigern und die Personalkosten dabei senken.

Durch die vielen Arbeitgeber-Awards konnte Phoenix Contact sein Arbeitgeberimage deutlich verbessern. Die Auszeichnungen wurden häufig von prominenten Politikern übergeben, worüber die Medien gern berichteten.

---

6   Vgl. Olesch, G. 2012.

Einer der besten Arbeitgeber Europas

Weitere Auszeichnung für Phoenix Contact

VON HANS-ULRICH KILIAN

BAD PYRMONT. Die Organisation „Great Place to Work" hat das Unternehmen Phoenix Contact jetzt auch als einen der besten Arbeitgeber in Europa ausgezeichnet.

Insgesamt beteiligten sich 1,6 Millionen Beschäftigte aus 2800 Unternehmen aller Größen und Branchen an dem Befragungsprozess. Dabei bewerteten die Mitarbeiter Themen wie Unternehmenskultur, Vertrauen, Führung, Innovation und Mitarbeiterbeteili-

Abb. 7: 2016 und 2018 wurde Phoenix Contact zu einem der besten Arbeitgeber Europas durch Great Place to Work gekürt.

Diese Fakten sollen Sie auf die kommenden Kapitel neugierig machen. Ich werde darin die Strategien und Aktivitäten beschreiben, die zu diesen Resultaten geführt haben. Auch Sie, liebe Leserinnen und Leser, können mit den geschilderten Aktivitäten einen überdurchschnittlichen Erfolg Ihres Unternehmens durch exzellente Unternehmenskultur erreichen. Lassen Sie sich im Weiteren inspirieren.

2   Sinn von Mission, Vision und Werten

In meinen Augen ist die Vision eines Unternehmens von besonderer Bedeutung. Zum erfolgreichen Führen einer Unternehmung gehören weiterhin eine Mission, Strategien, Ziele sowie die Werte, die alles miteinander verbinden. Daher betrachte ich die in Abbildung 8 aufgeführte Unternehmenspyramide als ein wesentliches Fundament für jedes Unternehmen.

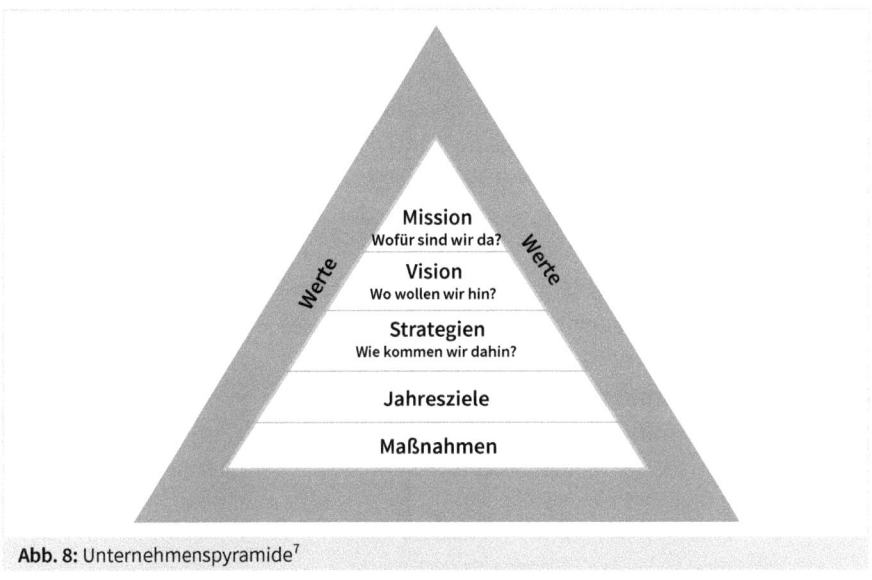

Abb. 8: Unternehmenspyramide[7]

An oberster Stelle steht die Mission, die beschreibt, wofür das Unternehmen steht und ihm damit Sinn und Purpose gibt. Es folgt die Vision, die angibt, wo das Unternehmen in Zukunft sein will. Daraus werden die Strategien abgeleitet, wie man die Vision erreicht. Aus den Strategien werden dezidierte Ziele definiert, die in einer bestimmten Zeit erfüllt werden sollen. Aus diesen Zielen werden schließlich die Aktivitäten abgeleitet, die das Management und die Mitarbeitenden umsetzen sollen. Alles ist eingebettet in ein Wertesystem. Es stellt die Grenzen dar, in denen alle agieren können und die nicht überschritten werden sollen. So funktioniert eine erfolgreiche Organisation.

---

7   Olesch, G. 2016 a.

2.1   Beispiel einer Mission

Menschen in einer Organisation benötigen Orientierungspunkte und einen Sinn bzw. Purpose, um ein Zusammengehörigkeitsgefühl zu entwickeln und damit in eine gemeinsame Richtung zu arbeiten. Ohne dies kann aus unterschiedlichen Individuen keine starke Einheit werden. Wann erleben wir im Alltag Sinn oder Erfüllung? Aus der Organisationsforschung wissen wir, dass sich dieses Gefühl zumindest im Arbeitskontext bei wenigen Menschen einstellt – obwohl sie sich nach einer von Sinn erfüllten Arbeit sehnen. So zeigen z. B. Ergebnisse einer US-amerikanischen Studie, dass 90 Prozent der befragten Arbeitnehmer auf einen Teil ihres Gehalts verzichten würden, um im Gegenzug mehr Sinn während der Arbeit zu erleben. Sinn erleben scheint also eine Art »psychologisches Einkommen« zu sein, dass uns in besonderem Maße zu Leistungserbringung und Engagement motiviert. Wir wollen spüren, dass das, was wir tun, einen Wert hat. Das gilt für alle Menschen, mit denen wir arbeiten, für unsere Kunden – und auch für uns selbst. Wir wollen, dass unsere Arbeit Sinn ergibt.

Wenn im Unternehmenskontext von Purpose gesprochen wird, dann ist damit zumeist ein höherer Zweck, eine Daseinsberechtigung des Unternehmens selbst gemeint. Simon Sinek hat es auch als das »Why«[8] bezeichnet. Im Deutschen würde man eher von einem »Wozu« sprechen: Wozu sind wir als Unternehmen in der Welt? Was genau wollen wir bewirken? Prinzipiell hat jedes System einen Purpose – die Frage ist nur, ob er all den Mitarbeitenden bewusst ist und sie in ihrer täglichen Arbeit leitet.

Mission
Wir gestalten Fortschritt
mit innovativen Lösungen, die begeistern.

Eine Mission beschreibt so einen Purpose und damit die Daseinsberechtigung eines Unternehmens. Was ist der Sinn seiner Existenz? Was treibt es an? Die Mission sollte Raum für Wachstum lassen und nicht zu sehr auf eine Branche ausgerichtet sein.[9]

Im Jahr 1998 plante der geschäftsführende Gesellschafter von Phoenix Contact erstmalig in der Geschichte des Unternehmens die Geschäftsleitung in die Hand von

---

8   Sinek, S. 2017.
9   Vgl. Ernst & Young, 2015.

Nichtfamilienmitgliedern zu geben. Drei andere Kollegen und ich wurden dafür ausgewählt. Zusammen mit dem Inhaber wollten wir allen Mitarbeitenden für die Zukunft eine Orientierung bzw. Purpose geben. Über fast ein Jahr entwickelten wir mit einem Coach die zentralen Formulierungen, die noch heute Bestand haben und genauso aktuell sind wie damals: »Wir gestalten Fortschritt mit innovativen Lösungen, die begeistern.« Was bedeutet das? – Ich habe mich stets mit Megatrends beschäftigt und gefragt, wo wird die Welt in zehn und zwanzig Jahren sein und welchen Beitrag können wir dafür leisten? Leitmotiv ist dabei der Fortschritt, den wir gestalten wollen, und das nicht nur mit innovativen Produkten, sondern viel umfassender: mit Lösungen für den Kunden. Neben den Produkten gehört auch das Emotionalisieren der Kunden und der Mitarbeitenden dazu. Deshalb wollen wir alle Beteiligten begeistern. Begeisterung lässt uns gemeinsam überdurchschnittliche Resultate erzeugen.

Angeregt durch die gesellschaftlich angestrebte Dekarbonisierung mit regenerativen Technologien sowie von der Digitalisierung wurde die Mission 2022 aktualisiert.

Visionäres Management

Ausrichtung des Unternehmens
an den Megatrends

- Wo wird unsere Welt in 10 und
  20 Jahren sein?
- Was können wir vom
  Unternehmen dafür leisten?

Visionäres Management

Ausrichtung des Unternehmens an den Megatrends

- Wo wird unsere Welt in zehn und 20 Jahren sein?
- Was können wir vom Unternehmen dafür leisten?

Die eigene Mission herauszuarbeiten und zu visualisieren oder aufzuschreiben, reicht nicht aus. Purpose sollte fixer Bestandteil der Kommunikation im Alltag des Unternehmens sein, um die eigenen Handlungen daran ausrichten zu können. Während meiner Zeit bei Phoenix Contact bedeutete das: In Büros, Produktionshallen Besprechungsräumen und Kantinen sind unsere Prinzipien visualisiert. In jedem Führungsseminar werden sie trainiert und von der Geschäftsführung an einem Abend persönlich vermittelt. Auf Belegschaftsversammlungen werden sie ebenfalls vermittelt und häufig vergegenwärtigt. Sie müssen permanent von oben vorgelebt werden.

Die Treppe muss immer von oben gefegt werden.
(Sprichwort)

Aufgrund der Mission sahen wir damals die positive Zukunft von grüner Technologie voraus und begannen bereits 1990 damit, Lösungen für die ersten Windkraftanlagen herzustellen. Aus der Mission ist Jahre später um 2011 auch die Idee entstanden,

Abb. 9: Besuch von Barack Obama und Angela Merkel auf dem Messestand von Phoenix Contact

Schnellladestationen für Elektroautos zu entwickeln. Ohne Schnellladetechnik dauerte es ca. acht Stunden, bis ein E-Mobil vollständig aufgeladen war. Um von Hamburg nach München zu reisen, müsste man zwei Übernachtungen auf sich nehmen, um das Auto aufzuladen. Das konnte nicht die Zukunft sein. Elon Musk verkaufte bereits seine ersten Teslas und erzeugte Druck auf die weltweite Automobilindustrie, die Entwicklung der E-Mobilität voranzutreiben. Wir waren uns sicher, dass die Schnellladetechnologie unsere Zukunft erfolgreich gestalten wird. So investierten wir für unsere Verhältnisse viel Geld in die Entwicklung dieser Technologie und präsentierten die erste Schnellladestation auf der Hannover-Messe 2015. Der damals mächtigste Mann der Welt, Barack Obama, und die damalige Bundeskanzlerin, Frau Angela Merkel, besuchten unseren Messestand, um sich diese Technologie vorstellen zu lassen. Das war eine große Ehre.

Was mich persönlich nachhaltig beeindruckte, war, dass Barack Obama mit jedem in seiner Umgebung auf Augenhöhe sprach. Er war ausgesprochen freundlich, aufgeschlossen und zeigte ehrliches Interesse an seinem Gegenüber. Ich erlebte einen transformationalen Leader, der sich nicht in seiner Position als amerikanischer Präsident, sondern als Mensch wie du und ich präsentierte. Sein emotionales Verhalten machte ihn sehr sympathisch.

> *Nur wer die Herzen bewegt, bewegt die Welt.*
> (Ernst Wiechert)

Durch dieses Erlebnis stark beeindruckt, änderte ich meinen Stil, mich anderen vorzustellen. Im Onboarding habe ich stets die neuen Mitarbeitenden von Phoenix Contact persönlich begrüßt und für einen halben Tag das Unternehmen, seine Historie, Vision, Mission, Werte sowie die Strategien präsentiert. Vor dem Erlebnis mit Barack Obama hatte ich mich als Prof. Dr. Gunther Olesch, Geschäftsführer Human Relations, Information Technology and Facility Engineering vorgestellt. Nach dem Erlebnis habe ich mich immer zunächst als Privatmensch und nicht in meiner Funktion vorgestellt. Die folgenden Bilder, sind die, die ich zu Beginn meiner Präsentation den neuen Mitarbeitenden zeigte, um mich persönlich vorzustellen. Ich betonte dabei, wie wichtig mein Privatleben und wie schön dabei das Leben mit meiner Frau Martina ist. Ich sprach von meinen zwei Hobbies, vom Joggen mit meiner Frau und wie wir die gemeinsame Fitness und Gesundheit genießen. Erzählte davon, ab und zu auch bei Wettbewerben mitzulaufen (siehe Abbildung 10).

Abb. 10: Materialien für die persönliche Vorstellung im Onboarding

Als zweites Hobby stellte ich die Musik vor: Dass ich in der Firmenband von Phoenix Contact als Sänger und Gitarrist spielte. Auf dem Bild sieht man unseren Auftritt am Familientag des Unternehmens vor 26.000 Mitarbeitenden und Familienangehörigen. Dafür haben wir den Song »We all love this company« komponiert. Auf YouTube finden sich die folgenden Videos:

Video: Studioaufnahme der Phoenix-Contact-Band

Video: Phoenix-Contact-Band live

Abb. 11: Auftritt der Phoenix-Contact-Band an einem Familientag des Unternehmens

Diese persönliche, ja private Vorstellung kommt bei neuen Mitarbeitenden viel besser an. Auch sie haben Privatleben und Hobbys und wir begegnen uns auf Augenhöhe, weil ich mich primär als Mensch und nicht Positionsträger vorstelle. Das habe ich durch das Erlebnis mit Barack Obama gelernt.

Sein Besuch auf unserem Stand der Hannover-Messe war eine große Ehre für uns und sorgte in den weltweiten Medien für eine hohe Bekanntheit und Reputation unseres Unternehmens. Wenn Sie heute an Autobahnraststätten die Schnellladesäulen näher betrachten, werden sie auf den meisten Steckern »Phoenix Contact« lesen. Und wenn nicht, so können Sie davon ausgehen, dass die elektrotechnischen und elektronischen Komponenten im Inneren der Ladesäulen gleichwohl größtenteils von uns stammen.

Zugleich ist die Entwicklung von Schnellladesystemen für E-Autos nur ein Beispiel für innovative Lösungen, die aus unserer Mission entstanden sind und das Unternehmen erfolgreicher gemacht haben. Allerdings werden, wenn man innovative Lösungen durch die Mitarbeitenden anstrebt, immer auch Fehler entstehen. Daher entwickelten wir eine klare Fehlerkultur.

Regel für innovative Produktkampagnen: Wenn 20 Prozent ein Fehler sind, werden 80 Prozent erfolgreich sein.

Mitarbeitende sollen keine Angst haben, Fehler zu machen, denn das bremst jegliche Kreativität aus. Die innovativen Produkte und Lösungen maßen wir durch unsere Patentanmeldungen. Wir hatten stets mehr als die Marktbegleiter.

2.2   Beispiel einer Vision

Die Vision beschreibt, was das Unternehmen auf lange Sicht erreichen will. Sie dient als Richtschnur für das ganze Unternehmen, für Führungskräfte und Mitarbeitende.

Vision
Phoenix Contact
ist eine Unternehmensgruppe,
die in jedem ihrer Geschäftsfelder
eine weltweit bedeutende und
technologisch führende Position erreicht.

Bei Phoenix Contact wollen wir eine technologisch führende Position in unserer Branche einnehmen. Dabei geht es nicht darum, das größte Unternehmen zu sein, sondern ein weltweit bedeutendes wie Tesla oder Porsche. Beide stellen nicht wie

VW oder Toyota die meisten Autos her und sind auch nicht so groß, dafür aber bedeutend.

Daraus ist die aktuelle Ausrichtung von Phoenix Contact auf die All Electric Society geworden: Der Anspruch, einen Beitrag für eine globale Gesellschaft zu leisten, in der regenerative und bezahlbare elektrische Energie in ausreichendem Maß vorhanden ist. All Electric Society beschreibt das wissenschaftlich begründete Zukunftsbild einer CO_2-neutralen und sich nachhaltig entwickelnden Welt. Der Weg dorthin führt über die umfassende Elektrifizierung, Vernetzung und Automatisierung aller relevanten Lebens- und Arbeitsbereiche. Phoenix Contact befähigt seine Kunden mit zahlreichen Produkten, Lösungen und Anwendungsbeispielen, diese Transformation hin zu einer zukunftsfähigen Industriegesellschaft aktiv zu gestalten.

Es ist das Zukunftsbild der All Electric Society, in dem wir die großen Fragen unserer Zeit beantwortet sehen. Denn CO_2-neutrale Energie wird der Schlüsselfaktor sein, um Klimaschutz und globalen Wohlstand miteinander zu vereinbaren. Bei dieser Entwicklung ist Phoenix Contact in vorderster Linie dabei – als Wegbereiter für seine Partner und Kunden.
(Frank Stührenberg, CEO Phoenix Contact)

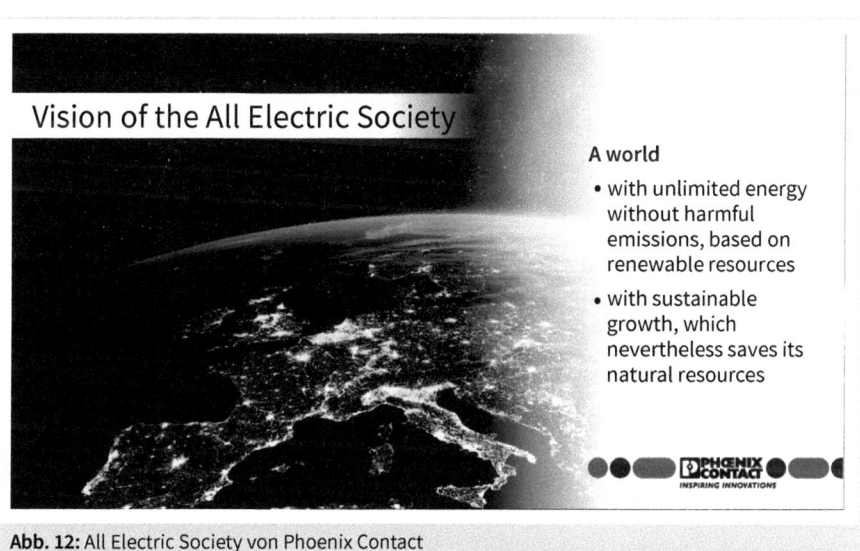

Abb. 12: All Electric Society von Phoenix Contact

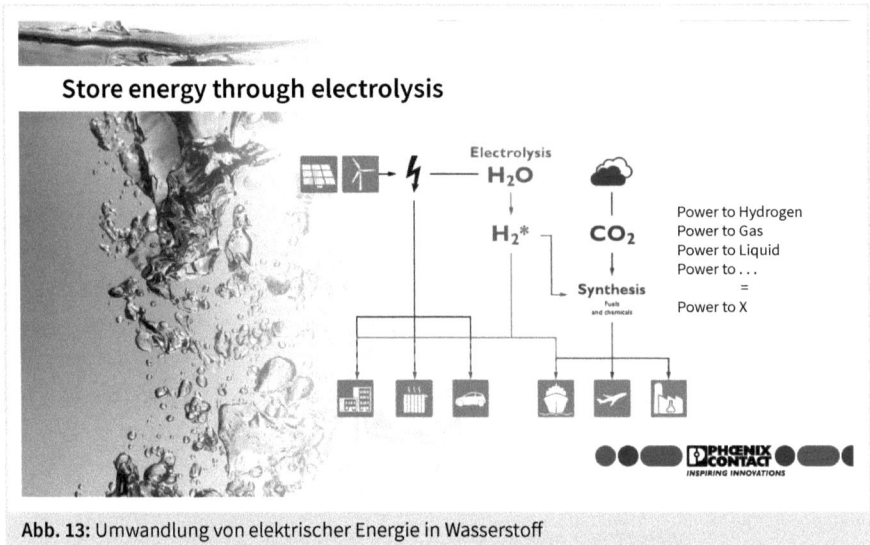

Abb. 13: Umwandlung von elektrischer Energie in Wasserstoff

Die Vision der All Electric Society besagt, das unendliche erneuerbare Energie zu Verfügung steht und durch Techniken u. a. von Phoenix Contact jedem Menschen zur Verfügung gestellt werden kann. Auf einem Gebiet der Erde, wo sehr viel Sonne scheint, kann durch Solartechnologie elektrische Energie gewonnen werden. Durch Elektrolyse kann sie in Wasserstoff umgewandelt werden und ist so transportabel. Sie kann anschließend in alle Regionen der Erde gebracht werden und dort durch Elektrolyse aus Wasserstoff wieder in elektrische Energie umgewandelt werden. So können alle Menschen in den Genuss von genügend Energie kommen, ohne die Erde weiter umweltschädlich durch CO_2 zu beeinträchtigen.

Eine Vision sollte für die Mitarbeitenden attraktiv und verständlich sein. Niemand liest lange Pamphlete. Zudem soll eine Vision motivieren, antreiben: Mitarbeitende sollen stolz darauf sein können und sich auch entsprechend dafür ins Zeug legen: dafür, einen bestimmten Zweck des Kunden zu erfüllen, oder dafür, ein bestimmtes ambitioniertes Ziel wie die CO_2-Reduktion zu verfolgen. Bei einer Unternehmensvision muss das hochgesteckte Ziel erreichbar erscheinen. Bei Phoenix Contact gewinnt aufgrund der weltweiten Klimaentwicklung die Vision von der All Electric Society ein besonderes Gewicht und eine hohe Attraktivität für die Mitarbeitenden. Sie sind stolz, in einem Unternehmen mit einer starken zukunftsgerichteten Vision zu arbeiten, was die Befragung von Great Place to Work bestätigt hat. Dadurch kann die Vision insbesondere im Kontext von Digitalisierung und Dekarbonisierung als

Fundament fungieren und Orientierung geben. Wir gestalteten z. B. Klimaschutzta-ge, in denen sich unsere Mitarbeitenden über grüne Technologie wie zum Beispiel E-Mobility informieren und wir sie dafür begeistern konnten.

Video: Klimaschutztag bei Phoenix Contact

2.3   Werte eines Unternehmens

Jedes Unternehmen verfügt über Werte, auch wenn sie nicht niedergeschrieben sind. Sie bestehen dann unterschwellig und sind daher für die Mitarbeitenden nicht unbedingt nachvollziehbar. Unter Unternehmenswerten versteht man jene Haltun-gen und Einstellungen, die ein Unternehmen nach innen und außen vertritt. Werte geben allen Beteiligten im Unternehmen eine Orientierung und haben einen starken Einfluss auf den Unternehmenserfolg, denn sie schaffen eine Entscheidungsgrund-lage, einen Verhaltensmaßstab und dienen der Handlungsorientierung. Weiterhin festigen sie die Loyalität und stärken die Identifikation der Mitarbeitenden mit dem Unternehmen. Vor allem wirken sie sich positiv auf Vertrauen und Motivation aus. Sie betonen die Glaubwürdigkeit und das Image des Unternehmens.[10] Einen betont ethischen Wert von dreien – partnerschaftlich vertrauensvoll – habe ich bereits wei-ter oben beschrieben.

Als weiterer Wert haben wir bei Phoenix Contact die Unabhängigkeit identifiziert. Wir wollen alle einen entscheidenden Beitrag leisten, damit das Unternehmen un-abhängig bleibt. Das heißt, dass wir nicht mehr ausgeben, als wir einnehmen. Der Umsatz muss deutlich höher als die Kosten sein. Den Gewinn nutzen wir, um Inves-titionen in neue Technologien wie zum Beispiel die E-Mobilität zu tätigen. Dadurch werden Arbeitsplätze gesichert und neue geschaffen. Somit profitieren die Kunden

10   Vgl. Verwiebe, R. 2019.

und die Mitarbeitenden. Ich habe von den Schnellladestationen geschrieben, durch die wir im Markt eine immense Umsatzbeschleunigung erfahren haben. Vielleicht hätten wir die dafür benötigten hohen Summen von Investoren wie Banken nicht erhalten, da wie bei allen neuen Ideen ein nicht unbeträchtliches Risiko des Scheiterns bestand. Indem wir finanziell unabhängig sind, konnten wir die Investitionen tätigen und schließlich den Erfolg von Phoenix Contact deutlich ausbauen.

> **Unabhängig**
> Wir handeln stets so, dass unsere
> unternehmerischen Entscheidungsfreiräume
> gesichert bleiben.
> **Innovativ gestaltend**
> Wir verstehen Innovation
> als wegweisenden Brückenschlag in die Zukunft;
> so entwickeln wir vorausschauend das Unternehmen.

In der Mission des Unternehmens steht: Wir gestalten Fortschritt mit innovativen Lösungen, die begeistern. In dem Wert »Innovativ gestaltend« wird das Wort Innovation bewusst redundant verwendet. So wird betont, dass wir stetig vorausschauend den Brückenschlag in die Zukunft machen wollen, was sich z. B. in der erwähnten Vision der All Electric Society widerspiegelt. Dabei muss man immer mit Unsicherheit und Zweifeln umgehen können, da man die Zukunft nicht vorhersagen kann. Das Akronym VUCA (volatility, uncertainty, complexity, ambiguity) beschreibt heute die Herausforderungen, die an ein Unternehmen und die Mitarbeitenden gestellt werden und die gemeistert werden müssen.[11] Daher ist es wichtig, dass das Management dafür sorgt, dass Mut und Zuversicht in die Köpfe und in die Herzen der Mitarbeitenden gelangt. Meinem Team gegenüber habe ich dazu folgendes Zitat verwendet:

> *Die Zukunft hat viele Namen:*
> *Für Schwache ist sie das Unerreichbare,*
> *für die Furchtsamen das Unbekannte,*
> *für die Mutigen die Chance.*
> *(Victor Hugo)*

---

11   Vgl. Willkomm, D. 2021.

2.4   Unternehmenskultur in Krisenzeiten

Wir wollen die Mutigen sein. Aber wie verhält man sich in Krisen? Krisenzeiten decken den Wahrheitsgehalt und die Glaubwürdigkeit von Werten eines jeden Unternehmens auf. Um nicht im Hypothetischen zu verbleiben, möchte ich Ihnen das Vorgehen von Phoenix Contact in der Bankenkrise von 2009 beschreiben.

Es handelte sich um die größte weltweite Krise nach dem Zweiten Weltkrieg. Auch Phoenix Contact brachte 2009 seine größte Krise, als der Umsatz bis Ende des Jahres um 19 Prozent abfiel. In diesem extremen Rezessionsjahr erlebten viele Unternehmen sehr herausfordernde Zeiten. Umsätze wie auch Gewinne brachen ein. Man konnte nicht absehen, wann die Rezession ein Ende fand. Da konnten schon mal die Nerven der Manager blank liegen – das konnte zu Aktionen führen, die auch eine gute Unternehmenskultur ins Wanken brachten. In guten Zeiten wie den Jahren davor war es leicht gewesen, eine gute Unternehmenskultur zu pflegen. Wenn die Zahlen stimmen, ist zumeist auch der Umgang des Managements mit den Mitarbeitenden entspannt.

In der Krise zeigt sich jedoch, wie wahrhaftig Manager die gepriesene Unternehmenskultur wirklich leben. Doch insbesondere in der Krise sind gut motivierte Mitarbeitende nötig, die die Ärmel hochkrempeln und sagen: Jetzt erst recht. Solche Motivation erhält man nur durch krisenfeste, wahrhaftige Unternehmenskultur. Oft ist es ein Leichtes, verbale Zustimmung zu erhalten, doch schwieriger wird es, die Unternehmenskultur bei wirtschaftlichen Turbulenzen tatsächlich zu beherzigen. Hier zeigen sich der Unterschied zwischen Unternehmern und »Unterlassern«. Phoenix Contact hat wie beschrieben einen hohen Anspruch: »Wir sind einer der besten Arbeitgeber!« – Wie sind wir damit in der Weltwirtschaftskrise 2009 umgegangen?

Ende 2008 starteten wir optimistisch in das Jahr 2009 und planten einen Umsatz von plus neun Prozent. Dann kam der Einbruch: Im Februar lag der Umsatz bei minus sechs Prozent (Abbildung 15). Wir, die Geschäftsführung hofften, dass sich der Umsatz bald erholen würde. Im April fiel er jedoch auf minus 15 Prozent.

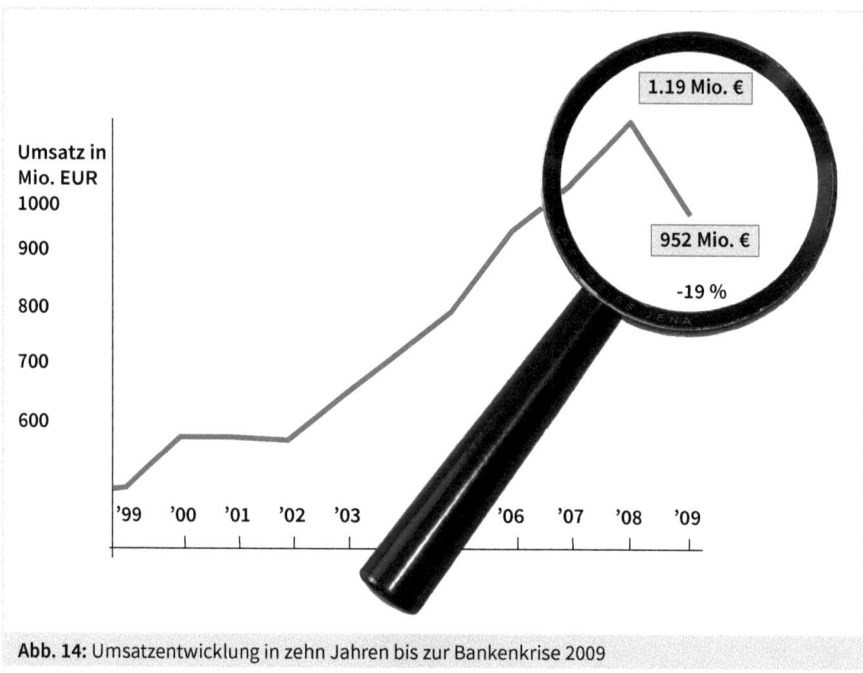

Abb. 14: Umsatzentwicklung in zehn Jahren bis zur Bankenkrise 2009

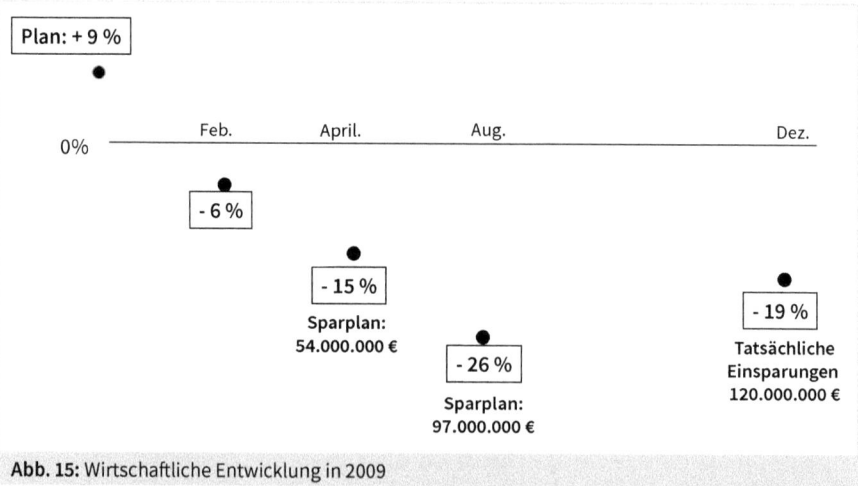

Abb. 15: Wirtschaftliche Entwicklung in 2009

Um aufkeimende Unsicherheiten zu reduzieren, begannen wir, alle zwei Monate Belegschaftsversammlungen durchzuführen.

Abb. 16: Alle zwei Monate informierte die Geschäftsleitung die Mitarbeitenden über die Lage des Unternehmens und gemeinsame Aktionen.

Zusammen mit dem Betriebsrat und in Abstimmung mit meinen Geschäftsführungskollegen informierte ich die Belegschaften im Detail über die wirtschaftliche Lage. Im April erlangten wir die Erkenntnis, dass wir in 2009 weltweit 54 Millionen Euro einsparen mussten, um die finanzielle Zukunft des Unternehmens zu sichern. Da wir das Unternehmen mit Vertrauen führten, bat ich alle Mitarbeitenden alles zu tun, um in ihrem Einflussbereich Kosten zu senken. Wir gaben nicht alle Aktivitäten vor, sondern appellierten an die Mitarbeitenden und schenkten ihnen Vertrauen, dass sie das Richtige tun würden. Alle Prozesse des Unternehmens sollten gerade jetzt auf den Prüfstand kommen. Alle Mitarbeitenden waren kontinuierlich dabei eingebunden, konstruktiv an Kostenoptimierungen mitzuwirken. In »fetten Jahren« setzt so manches Unternehmen Speck an. Jetzt ging es um eine Fitnesskur, um für den Aufschwung topfit zu werden.

Natürlich machten wir uns in der Geschäftsführung Gedanken, ob wir Personal reduzieren müssten. Jedoch ist es fatal, bei schlechter Auftragslage zu schnell einen Arbeitsplatzabbau zu betreiben. Die im Jahr 2009 novellierte Kurzarbeit bot gute Möglichkeiten, eine wirtschaftliche Talfahrt zu durchqueren, ohne Mitarbeitende zu entlassen. Denn gerade in Krisenzeiten ist der Arbeitsplatz und damit die eigene wirtschaftliche Existenz von höchster Priorität. Schließlich müssen Familien weiterhin ihren Lebensunterhalt finanzieren können. Unsere Überzeugung ist, dass Unternehmen alles versuchen müssen, um Arbeitsplätze zu erhalten.[12] Für dieses Ziel sollte sich gerade der HR-Manager als Fahnenträger verstehen. Er ist dafür verantwortlich, dass entsprechende ethische Werte im Management bestehen und gepflegt werden.

Wir führten im April einen Tag Kurzarbeit pro Woche ein. Alle betroffenen Mitarbeitenden erhielten dadurch ca. sieben Prozent weniger Gehalt. Laut den Führungsleitlinien von Phoenix Contact sollen Vorgesetzte Vorbild für die Mitarbeitenden sein (siehe Kapitel 9), deshalb motivierte die Geschäftsführung alle Führungskräfte, aus Solidarität auf sieben Prozent ihres Gehaltes zu verzichten. Das war zu dieser Zeit bei anderen Unternehmen noch selten, anders als 2020 und 2021 in der Corona-Krise, wo viele Unternehmen diesem Beispiel folgten. Bei der Belegschaft kam dieses Solidarverhalten sehr gut an und wurde auch von den Medien positiv aufgegriffen (siehe Abb. 17).

Bei Phoenix wird ab 1. März kurzgearbeitet

Unternehmen reagiert auf drastische Auftragsrückgänge / Belegschaften gestern informiert

Auch die Phoenix-Chefs reduzieren ihr Gehalt

Wochenarbeitszeit sinkt auf teils bis zu 21 Stunden / 1200 Mitarbeiter vor allem in Blomberg betroffen

Bad Pyrmont (uk). Der duktionsbereichen – der weit- Geschäftsführer und alle 'Ge- und weltweit 46 Tochterge- allerdings die Leiharbeiter zu Elektronik-Hersteller Phoenix aus größte Teil entfällt auf schäftsbereichsleiter bereit er- sellschaften machen diese spüren, die noch an beiden

Mitarbeiter haben großes Vertrauen in Phoenix

Gelassene Reaktionen in Bad Pyrmont auf das angekündigte Sparpaket / Nur 27 Kurzarbeiter

Betriebsrat lobt Führung von Phoenix

Bad Pyrmont (khr). Die von der Firma Phoenix Contact

Abb. 17: Medienberichte über Gehaltsverzicht bei Führungskräften von Phoenix Contact

---

12   Vgl. Olesch, G. 2006.

Auch der Betriebsrat lobte dieses Verhalten. Bei einigen wenigen Vorgesetzten musste allerdings stärkere Überzeugungsarbeit für diesen Schritt geleistet werden, da sie es zunächst nicht einsehen wollten. Das ist eine heikle Aufgabe des HR-Managers, die er in Krisenzeiten zu erfüllen hat.

Wir hatten bereits eine Gleitzeitvereinbarung, die einen Zeitkontensaldo bis zu plus/minus 140 Stunden vorsah. Im März 2009 erweiterten wir den Spielraum auf minus 210 Stunden. Weiterhin hatten wir viele Arbeitsverträge auf einer Basis von 40 Wochenstunden. Diese reduzierten wir auf die tariflichen 35 Stunden pro Woche. Freiwillige außertarifliche Zulagen wie z. B. Fahrgeld haben wir ebenfalls für die Dauer der Krise gestrichen.

Weiterhin wurden Weiterbildungskosten auf 50 Prozent des bisherigen Budgets reduziert. Wir hatten vor der Krise im Durchschnitt 13 Prozent Leasingkräfte eingesetzt, um der Volatilität des Marktes entsprechen zu können. Solche Verträge ließen wir nun auslaufen. Wir nahmen aber keine Kündigungen vor.

Im August 2009 fiel der Umsatz sogar auf erschreckende minus 26 Prozent. Nun gab es doch deutlichere Diskussionen innerhalb der Geschäftsführung, Personal zu entlassen. Mein damaliger Kollege, der Chief Financial Officer, zeichnete verständlicherweise ein düsteres Zukunftsbild. Er resümierte, dass, wenn der Abwärtstrend so weiterginge, wir bald in größte finanzielle Schwierigkeiten geraten könnten. Dennoch setzten wir uns in der Geschäftsleitung mehrheitlich dafür ein, die Arbeitsplätze der Mitarbeitenden zu halten. Wir mussten nun die riesige Summe von 97 Mio. Euro einsparen und entschieden, die Kurzarbeit in den meisten Bereichen auf zwei Tage pro Woche zu erhöhen. Das bedeutete für die Mitarbeitenden Einbußen von ca. 14 Prozent. Auch hier überzeugten wir alle Führungskräfte, als Rollenvorbild auf den gleichen Prozentsatz bei ihrem Gehalt zu verzichten.

Ich hatte diese Entscheidungen wieder auf den regelmäßigen Belegschaftsversammlungen vorgestellt und schaute in sehr verunsicherte Gesichter, in denen ich Angst vor einer düsteren Zukunft sah, Angst, ihre Arbeitsplätze zu verlieren. Für mich war es eine große menschliche Herausforderung, den Mitarbeitenden trotz der schlechten Weltwirtschaftsperspektive auf den Versammlungen Mut zu machen und sie an unsere Zukunft glauben zu lassen.

Um diesen Worten Taten folgen zu lassen, entschieden wir uns für mutige und zukunftsgerichtete Maßnahmen. Wir teilten auf Belegschaftsversammlungen mit, dass wir alle Auszubildenden übernehmen und fest einstellen würden, da sie unsere Zukunft seien. Wir verkündeten außerdem, dass wir gerade jetzt verstärkt Neuheiten entwickeln wollten, da die meisten Marktbegleiter in Entwicklungsagonie verfallen seien und wir uns für unsere Zukunft einen Vorteil erarbeiten könnten. Zusätzlich initiierten wir eine Vertriebskampagne, mit der wir Kunden sichern und binden sowie neue Märkte erschließen wollten. Unsere Außendienstler sollten die Kunden verstärkt besuchen, auch wenn diese aktuell keine Aufträge zu vergeben hätten. Durch die persönlichen Kontakte sollte aber insbesondere in den schwierigen Zeiten die Kundenbindung erhöht werden.

Dennoch machten sich bis in das Top-Management hinein Unsicherheit und Nervosität breit. Ich hatte diverse schlaflose Nächte und stellte mir nachts die Frage: Wie lange können wir in der sich weiter verstärkenden Krise noch Arbeitsplätze sichern? Hier half mir mein Nordstern bzw. meine Vision – »Wir sind einer der besten Arbeitgeber«. Wenn wir diesen hohen Anspruch an die Unternehmenskultur haben, dann müssen wir ihn nicht nur in guten Zeiten, sondern besonders in schlechten Zeiten hochhalten. Ich erinnerte mich an Menschen wie Bill Gates und Steve Jobs, die die schwierigsten Herausforderungen gemeistert haben. Ich hielt an meiner Überzeugung fest:

> Um Krisen erfolgreich zu meistern, brauchen Manager den Glauben an sich selbst und vor allem den Glauben an die Mitarbeitenden.

Ab September 2009 verbesserte sich der Umsatz bei Phoenix Contact leicht. Er entwickelte sich von minus 26 Prozent im August auf minus 19 Prozent im Dezember. Im August gaben wir als Geschäftsführung der Belegschaft und den Führungskräften den Auftrag, 97 Mio. Euro einzusparen, um das Unternehmen finanziell stabil zu halten. Da wir den Mitarbeitenden vertraut haben, dass sie das Richtige machen werden, wurde sogar eine Kostenreduktion von 120 Mio. Euro erreicht. Das war weitaus mehr, als erwartet. Es wurde mehr Liquidität generiert, als wir brauchten, und das EBIT zeigte auch gute Zahlen. Das bestätigte mein Motto:

> Wenn du Vertrauen schenkst, wirst du Vertrauen zurückbekommen. Nichts macht ein Team stärker als eine gute Vertrauensbasis.

2.5   Wichtige Erkenntnisse aus Wirtschaftskrisen

Heute ziehe ich folgendes Resümee aus der Wirtschaftskrise. Der verantwortungs-volle Manager sollte alles tun, um das Unternehmen und genauso die Arbeitsplätze zu sichern. Mitarbeitende sind in schwierigen Zeiten bereit, Kompromisse einzuge-hen, um ihren Arbeitsplatz zu halten. Die nötigen Kompromisse sollten über Kurz-arbeit, tarifliche Beschäftigungssicherung und befristete Personalkostenreduktion gemeinsam erarbeitet werden. Dabei ist eine besonders umfangreiche Kommunika-tion zwischen Management und Belegschaft notwendig. Unsichere Zeiten erzeugen einen starken Wissensdurst, der gestillt werden muss, ansonsten hält die Gerüchte-küche Mitarbeitende davon ab, effizient zu sein und mutig die Zukunft zu gestalten. Daher haben wir die Belegschaft in der Krise des Jahres 2009 permanent über Intra-net und alle zwei Monate persönlich auf Versammlungen informiert. Die persönli-chen Berichte der Geschäftsführung sind besonders wichtig, da die Mitarbeitenden die Überzeugung, die Krise erfolgreich zu überwinden, so besser »spüren« können. Gleichwohl waren für mich als Geschäftsführer die Präsentationen eine große psy-chische Herausforderung, da ich die Zukunft ja auch nicht kannte. Ich konnte ledig-lich an sie glauben und daran, dass wir es schaffen würden, was ich mir in diversen schlaflosen Nächten ständig einprägen musste.

Ich bin der Überzeugung, dass Manager besonders in schwierigen Zeiten ein gutes Vorbild sein müssen. Wenn Mitarbeitende finanzielle Verluste hinnehmen müssen, so sollte das Top-Management bei sich beginnen. Das Management von Phoenix Contact hat selbst auf den von der Belegschaft geforderten Anteil verzichtet. Das wiederum hat eine starke vertrauensbildende Wirkung erzeugt, was wiederum zu einer positiven Motivation der Belegschaft geführt hat.

> Ein exzellenter Manager muss besonders in unsicheren Zeiten eine positive Stimmung aus-strahlen.

Mut und Zuversicht sind wichtige Faktoren der Führung. Denn es gilt, nicht Pessimis-mus zu verbreiten, weil er Angst erzeugt. Wenn ein Mensch Angst empfindet, möchte er am liebsten weglaufen. Das ist unser evolutionäres Programm. Weglaufen ist je-doch in einer schwierigen wirtschaftlichen Situation die falsche Reaktion. Wir brau-chen Mitarbeitende, die mit Zuversicht an die Herausforderung herangehen, die ihre Chancen sehen und sie nutzen. Mut zu erzeugen ist eine Pflicht des Managements.

2.6   Vorteile aus einer Krise gewinnen

Das Management von Phoenix Contact hatte in der Weltwirtschaftskrise 2009 die Mitarbeitenden zu Innovationen im Unternehmen motiviert. Gerade in schwierigen Zeiten eröffnen Neuheiten Chancen auf dem Markt. Kunden sind auch jetzt bereit, innovative Produkte zu kaufen, die ihnen helfen, schwierige Zeiten besser zu überwinden. Innovationen sind auch Impulse, die eine bessere Konjunktur und Zukunft für das Unternehmen schaffen. Auch hier half unser Unternehmenswert »innovativ gestaltend«, allen Mitarbeitenden eine Orientierung zu geben.

Das Unternehmen hatte neue Märkte in der Welt und in neuen Branchen ausfindig gemacht, um hier neue Produkte zu platzieren. Tatsächlich gibt es immer irgendwo Märkte, die noch entdeckt werden können. Auch wenn in einer Krise dadurch nicht der große Umsatz gewonnen wird, so ist es eine hervorragende Voraussetzung dafür, beim kommenden Aufschwung aus der Poleposition zu starten.

Im Jahr 2009 befand sich die weltweite Ökonomie auf Talfahrt. Das führte dazu, dass viele Unternehmen sowohl ihre Aktivitäten zur Personalgewinnung wie auch zur Aus- und Weiterbildung reduzierten oder sogar ganz einstellten. Personalinvestitionen sind aber langfristig zu betrachten. Sicher müssen Kosten in wirtschaftlich schwierigen Zeiten reduziert werden und besitzt Liquidität höchste Priorität. Zwar kann bei vielen Kosten und Investitionen gespart werden, man sollte im Personalbereich dabei aber sehr überlegt und sensibel vorgehen. Schließlich benötigt man loyale und leistungswillige Mitarbeitende in Krisenzeiten und vor allem dann, wenn der Aufschwung kommt.

Die Rezession von 2009 war, um noch einmal im Formel-1-Jargon zu sprechen, das Qualifying. Man konnte noch keinen Sieg erringen, gleichwohl wollte Phoenix Contact alles tun, um in die Poleposition zu kommen. Denn nur aus ihr heraus hat man die besten Chancen, das kommende Rennen zu gewinnen. Als das Rennen 2010 begann, das heißt, als die Konjunktur wieder ansprang, starteten wir aus der ersten Reihe und führten das Rennen an. Unser ethisches Managementverhalten führte dazu, dass Phoenix Contact im Jahr 2010 mit 40 Prozent Umsatzplus das höchste Wachstum seit Bestehen des Unternehmens hatte. Wegen der großen Nachfrage stimmten unsere Mitarbeitenden in der Produktion einer Siebentagewoche zu, um die Aufträge abzuarbeiten. Erneut bewies sich: Die Umgangsformen und die vom Management mit den Mitarbeitenden gelebte Kultur sind eine elementare Voraussetzung für den wirtschaftlichen Erfolg. Sie erzeugt hohe Loyalität und Leistungsfähigkeit. Aus meiner Sicht ist der HR-Manager der Fahnenträger für solch eine Entwicklung und Unternehmenskultur. Er kann damit eine maßgebliche Rolle im Unternehmen einnehmen.[13]

2.7 Durch Fehler lernen

Bereits 2001 gab es durch die Anschläge vom 11. September 2001 auf das New Yorker World Trade Center eine Weltwirtschaftskrise. Auch hier fiel der Umsatz von Phoenix Contact dramatisch zurück, da die Aufträge stark abnahmen. Meine Kollegen und ich waren gerade erst in die Geschäftsleitung aufgestiegen und reagierten drastischer als 2009. Wir reduzierten viele Kosten. Allerdings entschieden wir uns auch dazu, mehr als 100 Mitarbeitende mit hohen Abfindungen zu entlassen. Dadurch haben wir Vertrauen und Zuversicht bei der gesamten Belegschaft eingebüßt. Nach einem halben Jahr zog die Konjunktur wieder an und wir konnten die meisten freigestellten Mitarbeitenden wieder einstellen. Außer Unruhe und hohe Abfindungskosten hat die Maßnahme wenig gebracht. Wenn jemand mich heute nach einem Fehler in meiner Managerlaufbahn fragt, dann ist das sicherlich eine meiner größten Fehlentscheidungen gewesen.

Aus Fehlern soll man lernen. Daher hatte ich damals mit meinem HR-Team einen Katalog zur Flexibilität von Personaleinsatz und -kosten für wirtschaftliche Krisenzeiten erstellt. Er sollte für die Zukunft dazu dienen, bestens für Krisenzeiten vorbereitet zu sein und geplante notwendige Maßnahmen sofort einleiten zu können. Aus den Aktivitäten wurde errechnet, dass wir je nach Ausweitung der Maßnahmen einen Umsatzrückgang von minus 24 Prozent bis minus 34 Prozent verkraften könnten, ohne Mitarbeitende zu kündigen. Das gab dem Management und Betriebsrat ein sicheres Gefühl, Krisenzeiten erfolgreich meistern zu können. Auf der Liste wurden

---

13   Vgl. Olesch, G. 2010 b.

die Maßnahmen mit der Dauer ihrer Einführung und Berücksichtigung des Arbeitsrechts und der Betriebsverfassung benannt:

Flexibilisierung von Personaleinsatz und Personalkosten von minus 24 bis minus 34 Prozent
- Nutzung flexibler Arbeitszeitmodelle (-140 (-210) Stunden) (Einführungsdauer: 1 Monat)
- Wochenstundenreduktion von 40 auf 35 Stunden pro Woche (Einführungsdauer: 6 Monate)
- Kurzarbeit (1 bis 2 Tage pro Woche) (Einführungsdauer: 1 Monat)
- Freiwilliger anteiliger Vergütungsverzicht der Führungskräfte analog zur Kurzarbeit (Einführungsdauer: 1 Monat)
- Außertarifliche Zulagen konjunkturangemessen anpassen (Fahrgeld) (Einführungsdauer: 1 Monat)
- Weiterbildungsreduktion um 50 % (Einführungsdauer: 1 Monat)
- Leasingkräfteverträge auslaufen (13 % der Belegschaft) (Einführungsdauer: 1/2 Monat)

2.8   Corona-Krise

Im Jahr 2020 begann die Corona-Krise und hat unser Leben und die Wirtschaft stark beeinflusst. Phoenix Contact war durch die vorhergehenden Krisen gut vorbereitet. Mitte 2020 brachen die Aufträge ein und wir mussten befristet Kurzarbeit einführen. Die Instrumente dafür waren vorhanden, sodass die Einführung der Kurzarbeit sehr schnell ging. Wir führten innerhalb von zwei Monaten verstärkt Homeoffice ein, wofür wir bereits seit 2001 eine Betriebsvereinbarung vorliegen hatten. Vom damaligen Zeitpunkt bis 2020 nahmen es nur wenige Mitarbeitenden wahr. Ab der Corona-Krise befanden sich von den Angestellten ca. 96 Prozent im Homeoffice. Die meisten waren schon mit Notebooks ausgestattet, sodass auch hier der Einführungsprozess sehr schnell ablief. Während Mitarbeitende und Führungskräfte vor der Corona-Krise zurückhaltend bei der Homeoffice-Nutzung und virtueller Kommunikation waren, zwang uns Corona, beide Möglichkeiten stark zu nutzen – und sie funktionierten hervorragend.

Abb. 18: Eine Besprechung mit den Führungskräften vor Corona

Abb. 19: Besprechung während der Pandemie

Aus meiner Sicht nahm die Kreativität der Mitarbeitenden im Homeoffice sogar zu. Denn Kreativität ist nicht an einen Ort oder gar an eine bestimmte Wochenarbeitszeit gebunden. Vielmehr sollten Wochenarbeitszeiten nicht am Freitagabend enden und am Montagmorgen beginnen, denn Kreativität orientiert sich nicht daran. Wenn Mitarbeitende innovative Ideen z. B. am Samstagnachmittag haben, sollten sie auch diese zu Hause ausarbeiten dürfen und nicht verfallen lassen. Ich bin der Meinung, dass ein 35- oder 40-Stunden-Arbeitsvertrag nicht auf eine längere Stundenzahl ausgedehnt werden sollte. Aber die Verteilung der Zeit sollte sich nicht an den klassischen Arbeitstagen Montag bis Freitag, sondern an den schöpferischen Phasen der Mitarbeitenden orientieren. Sie sind erwachsene und reife Menschen, die für sich selbst entscheiden können, wann sie eine gute Idee in ihr Notebook eingeben.

Dabei sind Unternehmen und vor allem Gewerkschaften in der Verantwortung, neue und flexiblere Rahmenbedingungen von Arbeitszeitmodellen und Arbeitsplatzgestaltungen zu entwickeln. Durch Corona haben wir also eine unglaubliche Beschleunigung des mobilen Arbeitens und der digitalen Kommunikation von jedem Ort aus erfahren. Das wird auch in der Zukunft nachhaltig so genutzt werden.

Angestellte sind durch Homeoffice besser vor Corona-Infektionen geschützt, was für Mitarbeitende in der Produktion nicht im selben Maße möglich ist. Sie können keine tonnenschwere Produktionsmaschine mit nach Hause nehmen. Um ihnen bestmöglichen Schutz vor einer Corona-Infektion zu gewähren, wurden die Gleitzeitsysteme für Schichtmitarbeitende in Produktion und Logistik stärker genutzt, um den persönlichen Kontakt bei der Schichtübergabe zu minimieren. Die Frühschicht konnte eher gehen, um der Spätschicht nicht zu begegnen und das Infektionsrisiko zu senken. Das gleiche galt für die Nachtschicht. Alle Mitarbeitenden erhielten die Möglichkeit, sich regelmäßig auf Corona testen zu lassen. Wenn jemand Kontakt zu einer infizierten Person hatte, wurde sie freigestellt, um in Quarantäne zu gehen und die Gesundheit aller Mitarbeitenden zu schützen.

Die Corona-Krise hat neue Chancen aufgetan und sollte uns ermutigen, neue Wege zu gehen. Sie sollte uns auch Selbstvertrauen geben, denn Deutschland steht besser als andere Nationen da. Einst haben wir über unser Gesundheitssystem geklagt. In der Corona-Krise hatte Deutschland Ende 2020 die geringste Sterbequote von 0,06 Prozent der Bevölkerung. In weltweit keinem anderen Industrieland war diese Quote so niedrig.[14] Daraus kann man schließen, dass unser Gesundheitssystem besser als die meisten auf der Welt ist. Die meisten Länder Europas fielen wirtschaftlich in 2020 um durchschnittlich 11 Prozent zurück, Deutschland dagegen nur um 4,9 Prozent[15]. Auch hier stehen wir besser da. Wir haben das Instrument der Kurzarbeit und unser Staat hat durch kluge Finanzpolitik genügend Geldmittel, um die Wirtschaft erfolgreicher als andere Länder zu sichern und anzukurbeln. Wir sollten die Zukunft mutiger gestalten. Das hat uns die Corona-Krise gezeigt.

14   www.corona-in-zahlen.de/.
15   Deutschland/BIP-Wachstumsrate 2020.

3 Die Führungskraft als ein Schlüssel zum Unternehmenserfolg

Die Führungskräfte haben die wichtigste Funktion inne, um ihr Team erfolgreich zu machen. Diese Aufgabe beginnt damit, die Mitarbeitenden zu halten statt sie zu vertrieben:

Mitarbeitende bewerben sich in der Regel bei einem Unternehmen wegen des guten Images und verlassen es wegen des Vorgesetzten.

Umfragen zufolge gilt das in Deutschland für 47 Prozent der Mitarbeitenden.

Schlechte Noten für Chefs

Viele Kündigungen wegen eines Vorgesetzten

■ **Nürnberg** (dpa). Knapp die Hälfte (47 Prozent) der Mitarbeiter in deutschen Unternehmen hat einer Umfrage zufolge schon einmal wegen eines Vorgesetzten gekündigt. 20 Prozent gaben an, sie hätten mit dem Gedanken gespielt. Das geht aus einer aktuellen Umfrage des Nürnberger Beratungsunternehmens Information Factory unter 1.000 Beschäftigten, Führungskräften und Personalexperten hervor. Offenbar gelingt es vielen Führungskräften in Deutschland nicht, alles aus ihren Mitarbeitern herauszuholen. 90 Prozent der Befragten sind der Ansicht, dass ihre Leistung durch einen guten Chef steigen würde.

Umfrage: *Viele sind unzufrieden mit dem Chef.* FOTO: DPA

Abb. 20: Beinahe die Hälfte der Mitarbeitenden wechselt das Unternehmen wegen ihres Vorgesetzten.

Die bekannten Gallup-Studien belegen, dass 15 Prozent der Belegschaften inner-
lich gekündigt haben und 70 Prozent »Dienst nach Vorschrift« machen.[16] Nur 15 Prozent fühlen sich dem Unternehmen verbunden – das sind die Leistungsträger. Bei
Phoenix Contact war es immer mein Ziel und das meines Teams, dass die absolute
Mehrheit der Belegschaft sich mit dem Unternehmen identifiziert und eine hohe Performance erbringt. Dafür benötigt ein Unternehmen Manager mit einem exzellenten
Führungsverhalten.

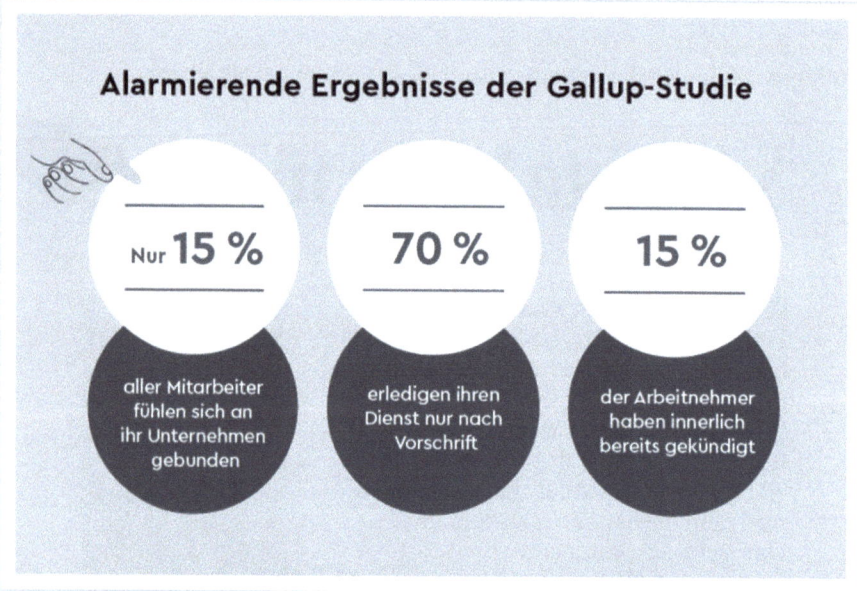

Abb. 21: Ergebnisse der Gallup-Studie 2021

Um Vorgesetzten eine Orientierung für das adäquate Führungsverhalten zu geben,
besitzen viele Unternehmen Führungsleitlinien. Phoenix Contact besitzt seit 1992
Führungsleitsätze – die Leadership Principles. Sie wurden von dem damaligen Top-
Management unter Leitung von Human Relations entwickelt. Es gab damals noch
keine Befragung von Mitarbeitenden, sodass deren Bedürfnisse und Vorstellungen
noch gar nicht einfließen konnten. Mit Einführung der ersten Mitarbeitenden-Be-
fragung 1995 wurden die Führungsleitlinien aktualisiert und an die Bedürfnisse der

---

16   Gallup-Studie Deutschland, 2021.

Belegschaft angepasst. – Was sind die wichtigsten Führungsleitlinien für eine erfolgreiche Unternehmenskultur?

3.1   Transformationale und transaktionale Führung

Im Fokus steht dabei für mich die transformationale Führung. Sie ist die Fähigkeit von Führungskräften, ihre Vorbildfunktion überzeugend wahrzunehmen und dadurch Vertrauen, Respekt, Wertschätzung und Loyalität zu erwerben. Die Mitarbeitenden werden intrinsisch motiviert und noch stärker dazu inspiriert, die Werte des Unternehmens lebendig zu erhalten und eine hohe Lern- und Leistungsbereitschaft zu zeigen.

In modernen Unternehmen wie auch bei Phoenix Contact besteht zumeist ein Mix aus transformationaler und transaktionaler Führung. Ein wesentliches Merkmal der transaktionalen Führung ist das Führen mit Zielvereinbarungen. Dabei greift die Führungskraft korrigierend ein, wenn Mitarbeitende von Zielen abweichen.

In der Studie »Best Practice in Leadership Development«[17] wurden mehr als 100 persönliche Interviews mit Geschäftsführern und Top-Managern aus den unterschiedlichsten Branchen sowie politischen und gesellschaftlichen Organisationen durchgeführt. In die Untersuchung flossen rund 600 Beurteilungen von Führungskräften im 360-Grad-Feedback ein. Auch wurde eine Online-Befragung von mehr als 50.000 Fach- und Führungskräften vorgenommen.

Den Ergebnissen zufolge ist ein wichtiger Erfolgsfaktor gelingender Führung das unternehmerische Denken und Handeln der Führungskraft. Sie muss zeigen, dass sie in der Lage ist, einen professionellen Businessplan mit Kenntnissen der Kunden, Märkte, Wettbewerber und Technologien für ihren Verantwortungsbereich zu erstellen und umzusetzen. Der Erfolg von Führungskräften ist schließlich von ihrer Effizienz abhängig.

In Theorie und Praxis besteht Konsens, dass die transformationale Führung den meisten anderen Führungsstilen überlegen ist, weil sie an der Mitarbeitenden- und

---

17   Pelz, W. 2016.

Kundenzufriedenheit ansetzt. Wesentlich ist die Vorbildfunktion, die den größten Einfluss auf das Verhalten von Mitarbeitenden ausübt. Transformationale Führung ist deshalb am erfolgreichsten, weil sie von Wertschätzung, Umgang auf Augenhöhe und einer sympathischen Persönlichkeit getragen wird, wie ich sie bei dem Zusammentreffen mit Barack Obama beschrieben habe (Seite 28)

Durch eine Person, die das als Vorbild gelebt und transformationale Führung praktiziert hat, wurde ich für Phoenix Contact begeistert und habe schließlich deshalb meine berufliche Entwicklung dort fortgesetzt.

> 1989 war ich im fünften Jahr bei Thyssen tätig und hatte gerade mein erstes Buch »Praxis der Personalentwicklung«[18] veröffentlicht. Dieses hatte der Produktionschef von Phoenix Contact gelesen. Er rief mich an und bat, mich besuchen zu können, um einige Ideen für Phoenix Contact über Personalentwicklung gewinnen zu können. Ich finde einen Austausch immer befruchtend und stimmte zu. Zwei Tage vor dem Treffen rief mich der Produktionschef noch einmal an und bat darum, noch eine zweite Person mitbringen zu können, die an dem Gespräch interessiert war. Ich stimmte zu. Schließlich trafen beide Herren in meinem Büro bei Thyssen ein. Der zweite Mann stellt sich als Mitarbeitender bei Phoenix Contact vor. Ich präsentierte die Personalentwicklung, wie mein Bereich sie bei Thyssen umsetzte. Der Mitarbeitende von Phoenix Contact stieg in einen intensiven Dialog mit mir ein. Ich sprach dabei auch von visionärem Personalmanagement –und davon, wie wichtig es für Mitarbeitende ist, dass ein Unternehmen ein guter Arbeitgeber ist. (Daraus entstand später auch meine bereits erwähnte HR-Vision.) Der Mitarbeiter war sehr freundlich und begeistert von meinen Ausführungen. Ich fand ihn auf Anhieb sehr sympathisch. Das Gespräch dauerte länger als geplant, weil es so erfrischend und angenehm war. Gegen Ende des Gespräches sagte der mich begeisternde Mitarbeiter von Phoenix Contact, dass wir doch bestens harmonieren und ich doch am besten morgen schon bei Phoenix Contact beginnen sollte. Ich hielt das für einen Scherz. Denn ich wollte nicht glauben, dass ein normaler Mitarbeiter mich in meinem Büro bei Thyssen abwerben wollte.

---

18   Olesch, G. 1988.

Am Abend schilderte ich das Gespräch zu Hause und beschrieb, wie angenehm ich es empfunden habe und wie freundlich die beiden Personen von Phoenix Contact waren. Ich war sehr positiv berührt. Am nächsten Tag ging ich wieder in mein Büro. Kurz nach acht Uhr klingelte das Telefon, der Mitarbeiter von Phoenix Contact war in der Leitung und fragte mich, wo ich denn bleibe, ich wollte doch heute bei Phoenix Contact meine Arbeit antreten. Ich war nun irritiert und überrascht. Ich erwiderte, dass die Geschäftsführung und die Inhaber mich doch gar nicht kennen. Doch, antwortete dieser Mitarbeiter, und sie wollen sie unbedingt einstellen. Ich fragte, wer sind die Geschäftsführung und Inhaber? Darauf der Mitarbeiter: Ja, ich!

Ich war sehr erstaunt. Dieses Verhalten hat mich für das Unternehmen total begeistert und ich entschied mich, das Angebot anzunehmen. Ich habe Kommunikation auf Augenhöhe, damit hohe Wertschätzung und ausgeprägte Freundlichkeit erfahren, was auch eine transformationale Führung ausmacht.

Einst hatte ich geplant, für fünf Jahre zu Phoenix Contact zu gehen und dann den nächsten beruflichen Schritt zu machen. Schließlich war ich nach meinem Studium fünf Jahre in einer Unternehmensberatung und anschließend fünf Jahre bei Thyssen tätig gewesen. Tatsächlich sind daraus dann 32 Jahre geworden, und das stets mit großer Begeisterung, weil hier der Spirit herrschte, Menschen mit großer Freundlichkeit, Sympathie und Empathie zu begegnen und sie für das Unternehmen zu begeistern.

4 Bedürfnisanalyse von Mitarbeitenden

Ein erfolgreicher Manager denkt mit dem Kopf seiner Mitarbeiter.
(John Kenneth Galbraith)

Um ein Unternehmen wirtschaftlich erfolgreicher zu machen, ist es wichtig, bei den Mitarbeitenden eine hohe Identifikation mit dem Unternehmen und Zufriedenheit zu erreichen. Wie kann das gelingen? Motivation wird erreicht, wenn auf die Bedürfnisse der Menschen eingegangen wird. Diese wollte ich durch Befragung der Mitarbeitenden ermitteln. 1991 machte ich als Personalchef von Phoenix Contact, ich war damals noch nicht in der Geschäftsführung, den Vorschlag, eine anonyme Befragung durchzuführen. Dafür erarbeitete ich ein umfangreiches Konzept, das ich mit wissenschaftlichen Daten untermauerte. Ich investierte viel Zeit darin und stellte es schließlich mit voller Überzeugung den Managern des Unternehmens vor. Nach einiger Diskussion wurde es zu meiner großen Enttäuschung von der Mehrheit der Führungskräfte und der damaligen Geschäftsführung abgelehnt.

Mir wurde gesagt: »Lieber Herr Olesch, um erfolgreich zu sein, brauchen wir keine Befragung der Mitarbeitenden, sondern gute Produkte.« Ich antwortete darauf: »Das ist mir klar. Seien sie sich jedoch der Tatsache bewusst, dass Menschen unsere neuen Produkte entwickeln, Menschen sie produzieren und Menschen sie verkaufen. Die Mitarbeitenden sind der Schlüssel zum Markterfolg.« Ich konnte meine Idee zunächst jedoch nicht durchsetzen. Das war eine deutliche Niederlage für mich, und ich war recht niedergeschlagen. Ich überlegte sogar für kurze Zeit, das Unternehmen zu verlassen, weil ich den Erfolg meiner Vision als gescheitert betrachtet habe.

Um neue Ideen zu realisieren, gehören daher Resilienz und ein positives Denken dazu. Ich lese bevorzugt Literatur zum Thema positiver Psychologie, um Inspiration und Anregung zu erhalten. Dabei ist mir der folgende Satz im Gedächtnis geblieben:

Nichts ist stärker als eine Idee, deren Zeit gekommen ist.
(Victor Hugo)

Ich hatte bereits damals die Vision definiert, einer der besten Arbeitgeber zu sein. Diese Vision strahlte in meinem Kopf als Nordstern und gab mir Orientierung. Ich sagte mir selbst: Wenn ich mal verliere, möchte ich nicht die Erfahrung verlieren, die ich dadurch gewinne. Und ich ermutigte mich durch den bereits erwähnten Ausspruch von Steve Jobs: »It's not a shame to fall it's only a shame not to get up.«

Also formulierte ich kurze Zeit später meine Idee zur Mitarbeitendenbefragung um. Ich stellte in den Vordergrund, dass wir unseren Kunden Top-Produkte bieten wollen. Dazu brauchen wir leistungsfähige Mitarbeitende, die mit großem Elan innovative Produkte entwickeln, sie qualitativ hochwertig produzieren und sie mit hoher Kompetenz beim Kunden verkaufen. Daher sollten wir die Mitarbeitenden befragen, welche Rahmenbedingungen sie dafür benötigen. Statt meine Idee noch einmal allen Managern vorzustellen, wählte ich die wenigen aus, von denen ich glaubte, dass sie der Befragung gegenüber aufgeschlossener sind und auch einen guten Ruf im Unternehmen besaßen.

Im kleinen Kreis hatte ich bereits eine Untersuchung durchgeführt. Dabei hatte ich Führungskräfte befragt, was in ihren Augen die wichtigsten Bedürfnisse ihrer Mitarbeitenden sind. Als Antwort stand ganz oben die Vergütung, gefolgt von einem sicheren Arbeitsplatz.

Was sind die Bedürfnisse von Mitarbeitenden?

Einschätzung der Führungskraft	Mitarbeitende
1. Vergütung	1. Anerkennung/Wertschätzung
2. Sicherer Arbeitsplatz	2. Sinnhaftigkeit der Arbeit
3. …	3. Entwicklungsmöglichkeiten
4. …	4. …
5. …	5. …
6. …	6. …
7. Anerkennung/Wertschätzung	7. Vergütung

Abb. 22: Mitarbeitenden-Bedürfnisse und Einschätzung durch Führungskräfte

Parallel dazu führte ich Gespräche mit Mitarbeitenden, die mir ihre Bedürfnisse schilderten. Dabei wurde Anerkennung und Wertschätzung am häufigsten genannt, gefolgt von Sinnhaftigkeit der eigenen Arbeit.

Ich habe Vorgesetzte in meinem Büro erlebt, die sich über die mangelnde Motivation und Dankbarkeit von Mitarbeitenden beschwerten, obwohl sie sie ihrer Meinung nach motiviert hätten. Ich kann mich genau an eine Führungskraft erinnern, die enttäuscht war, nachdem sie eine Sonderzahlung von 1000 Euro hatte überweisen lassen. Ihr Mitarbeitender hatte ein Projekt erfolgreich umgesetzt, zeigte jedoch keine besondere Dankbarkeit für die Sonderzahlung, wie der Vorgesetzte erwartet hatte.

Ich schlug der Führungskraft folgendes vor. Sie sollte den Mitarbeitenden, ich nenne ihn einfach Herrn Meier, in ihr Büro einladen und folgendes sagen: »Lieber Herr Meier, sie haben über halbes Jahr ein schwieriges Projekt geleitet, wo es große Herausforderungen und Widerstände gab. Manchmal sah es aus, als würde das Projekt scheitern. Sie haben nicht aufgegeben und es schließlich zum Erfolg geführt. Dafür meinen herzlichen Dank für die tolle Leistung, ich weiß das sehr zu schätzen.«

Diese Form des Feedbacks hat schließlich zu dem gewünschten Erfolg geführt. Warum? Anerkennung und Wertschätzungen erzeugen in uns Menschen eine biochemische Reaktion. Das Hormon Dopamin wird ausgeschüttet und Motivation, Antriebskraft sowie Leistungsfähigkeit werden deutlich gestärkt. Dopamin ist das Hormon, das unsere Aufmerksamkeit auf solche Dinge lenkt, die ein Erfolgsgefühl auslösen und uns antreiben, dieses Gefühl wieder zu erleben.[19]

Neben Dopamin spielt auch das Hormon Serotonin eine wichtige Rolle. Beide Hormone werden meist in Kombination ausgeschüttet, aber unterscheiden sich in ihrer Wirkungsweise. Serotonin ist eher für das Wohlbefinden verantwortlich. Anerkennung bei der Arbeit aktiviert einen längerfristigen Zustand der Zufriedenheit. Deshalb wird der oben angeführte Herr Meier in Zukunft gerne wieder herausfordernde Aufträge annehmen, damit er wieder diese positiven Empfindungen durch Dopamin und Serotonin erleben kann.

Durch eine Vielzahl persönlicher Gespräche konnte ich schließlich einige Führungskräfte gewinnen, eine Befragung ihrer Mitarbeitenden durchzuführen. Bei der Wahl der Manager achtete ich darauf, dass sie eine hohe Reputation im Unternehmen hatten. Ich

---

19   Vgl. Kleine, B. Rosmanith, W. 2020.

dachte mir, dass wenn sie etwas erfolgreich angehen, andere ihnen folgen werden. Im Jahr 1995 starteten wir mit einem selbst entwickelten Fragebogen. Durch das Feedback ihrer Mitarbeitenden konnten die Führungskräfte sich verbessern und ihre Teams besser führen. Nach diesen ersten kleinen Erfolgen konnten mein Team und ich durchsetzen, dass wir eine Mitarbeitendenbefragung im gesamten Unternehmen durchführen und sie alle zwei Jahre wiederholen würden, um eine ständige Optimierung des Führungsverhaltens und der Unternehmenskultur zu erreichen. Als im Jahr 2001 drei Kollegen und ich zu Mitgliedern der Geschäftsleitung mit einem Inhaber als CEO ernannt wurden, hatte ich zu diesem Zeitpunkt für mein Team und mich bereits den Fokus auf Unternehmenskultur mit der Vision gesetzt: Wir wollen einer der besten Arbeitgeber sein und bei Wettbewerben von Arbeitnehmerbefragungen den ersten, zweiten oder dritten Platz einnehmen. Als Geschäftsführer hatte ich nun einen längeren Hebel, um diese ambitionierte Vision umzusetzen. (Deshalb kann ich HR-Manager nur ermutigen, den Schritt in die Geschäftsleitung zu wagen, vgl. dazu ausführlicher Kapitel 15.)

Zugleich entschieden wir uns 2001 dazu, mit Top Job einen externen Dienstleister für die Bedürfnisermittlung der Mitarbeitenden einzusetzen. Der Vorteil ist, dass hier nicht nur eine neutrale Befragung und Auswertung durchgeführt wird, sondern man die Ergebnisse auch für Employer Branding und Personalmarketing nutzen kann. Top Job führt Benchmark-Untersuchungen durch, in denen man sich mit anderen teilnehmenden Unternehmen vergleichen kann, um konkret zu wissen, wie gut man als Arbeitgeber dasteht. Top Job untergliedert dafür sechs Dimensionen:
1. *Führung und Vision*
2. *Motivation und Dynamik*
3. *Kultur und Kommunikation*
4. *Mitarbeiterentwicklung und -perspektive*
5. *Familienorientierung und Demografie*
6. *Internes Unternehmertum*

Die Befragungen werden in den DACH-Ländern durchgeführt und unter der Leitung der renommierten Universität St. Gallen ausgewertet. Im Fokus stehen dabei mittelständische Unternehmen. Die Auswertungen sind erstklassig, da konkrete HR-Optimierungen abgeleitet werden, die man im Unternehmen direkt umsetzen kann. Wir haben Top Job von 2004 bis 2011 eingesetzt.

Ab 2007 haben wir zunächst parallel die Dienstleistung des Instituts Great Place to Work hinzugenommen. Wir begannen die Befragung weltweit durchzuführen und brauchten daher die Mehrsprachigkeit, die Top Job nicht anbot. Bei Great Place to Work werden die Fragen an die Mitarbeitenden in fünf Kategorien aufgeteilt:

1. *Glaubwürdigkeit*
2. *Respekt*
3. *Fairness*
4. *Stolz*
5. *Zusammenarbeit*

Hier steht die wissenschaftliche Analyse im weltweiten Vergleich im Vordergrund. Beide Anbieter liefern ein nützliches Instrumentarium zur Erstellung einer HR-Bilanz. Ähnlich wie bei einer betriebswirtschaftlichen Bilanz kann ein Unternehmen mit seinem HR-Management durch die Befragung differenziert die auszubauenden Stärken des Unternehmens sowie seine zu verbessernden Schwächen erkennen.

4.1   Regelkreis der Befragung von Mitarbeitenden

Der erste Schritt zu einer besseren Unternehmenskultur ist die Befragung der Bedürfnisse von Mitarbeitenden. Der zweite Schritt ist die Analyse der Ergebnisse. Der Dritte und aus meiner Sicht wichtigste Schritt ist die Umsetzung von Maßnahmen, um die Wünsche und Bedürfnisse zu erfüllen. Der vierte und letzte Schritt ist die wiederholte Befragung, um festzustellen, ob eine Verbesserung stattgefunden hat und wo man noch nacharbeiten muss. Dann beginnt der Kreislauf von neuem. Das Entscheidende einer Mitarbeitendenbefragung ist also das finale Umsetzen von Optimierungsmaßnahmen (Abb. 23). Jede Befragung der Mitarbeitenden weckt deren Erwartungen, dass ihre Vorschläge erhört und realisiert werden. Daher ist der echte Wille des Managements wichtig, Optimierungen vornehmen zu wollen. Nichts ist schlimmer als Erwartungen zu erzeugen, auf die keine Reaktion folgt. Ich kenne zahlreiche Unternehmen, die Befragungen von Mitarbeitenden durchführen, aber zu wenig Verbesserungsmaßnahmen daraus ableiten und umsetzen.

Die Befragung der Mitarbeitende macht aus meiner Sicht fünf Prozent der Arbeit aus, 95 Prozent liegen in der Umsetzung von Maßnahmen.

Bei Phoenix Contact haben wir alle zwei Jahre eine Befragung der Mitarbeitenden vorgenommen. Eine Führungskraft benötigt diese Zeit, um mit seinem Team erforderliche Optimierungen zu diskutieren, zu planen und umzusetzen.

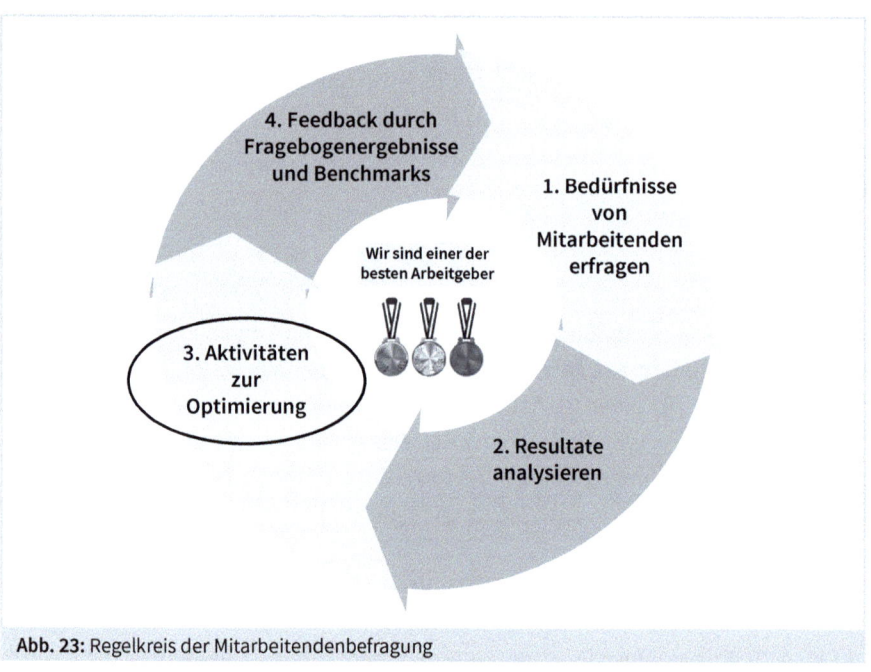

Abb. 23: Regelkreis der Mitarbeitendenbefragung

Bei der letzten internationalen Befragung kamen zum Beispiel folgende Stärken heraus: Die Mitarbeitenden haben hohes Vertrauen in das Management und sie sind stolz, bei Phoenix Contact zu arbeiten. Sie erleben klare Erwartungen von den Führungskräften an sie und werden gemäß ihren Fähigkeiten eingesetzt. Es bestehen ein guter Teamgeist und eine gute Arbeitsumgebung.

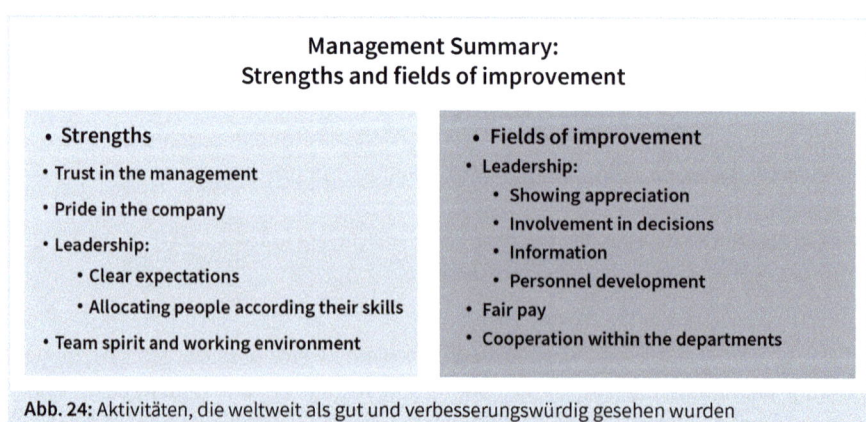

Abb. 24: Aktivitäten, die weltweit als gut und verbesserungswürdig gesehen wurden

Selbstverständlich ergaben sich auch Verbesserungswünsche: So wurde u. a. erwartet, dass Führungskräfte mehr Anerkennung für gute Leistung geben. Dieser Wunsch wurde übrigens in den Befragungen häufiger genannt, dies ist leider ein nicht seltenes Defizit bei Managern. Die Mitarbeitenden wollten weiterhin mehr in Entscheidungsprozesse einbezogen werden, also mehr Partizipation. Mehr Informationen über Unternehmensvorgänge und -strategien wurden von den Führungskräften gewünscht und ein stärkeres Angebot von Personalentwicklungsmaßnahmen. Weiterhin sollte eine faire Bezahlung erfolgen. Damit wurde nicht mehr Geld gewünscht, sondern gleiche Vergütung für gleiche Leistung. Darüber hinaus sollte die Zusammenarbeit der verschiedenen weltweiten Einheiten optimiert werden.

4.2   Ableitungen aus den Befragungen

Als Folge der Befragungen wurden durch HR und die Führungskräfte weltweit mehr als 650 Optimierungsmaßnahmen angegangen. Sie wurden im Intranet allen Mitarbeitenden weltweit vorgestellt, sodass eine hohe Transparenz vorhanden war.

Alle weltweiten Führungskräfte erhielten die Befragungsergebnisse ihrer Mitarbeitenden. Sie mussten diese mit ihnen diskutieren und definieren, welche drei der wichtigsten Verbesserungen umgesetzt werden sollten und waren für die Umsetzung der Aktivitäten in ihren Einheiten verantwortlich. Jeder legte am Ende eines Jahres seiner Geschäftsführung Rechenschaft ab, welche Maßnahmen eingeleitet worden waren.

Die internationalen Manager kannten nicht die Ergebnisse anderer Bereiche. Es sollte primär kein Schaulaufen erzeugt werden, sondern der Wille, im eigenen Bereich Optimierungen vorzunehmen. Jeder Executive erhielt jedoch den Durchschnittswert des gesamten Unternehmens und konnte so erkennen, ob er bzw. sie im Führungsverhalten über- oder unterdurchschnittlich bewertet worden ist. Lag er weit unter dem Durchschnitt, hatte er größeren Handlungsbedarf, als wenn er nur knapp darunterlag. Jährlich wurde zwischen Geschäftsführung und dem oberen Management der Status der Maßnahmen in ihren Bereichen diskutiert und bewertet.

Zwischen der Führungskraft und seiner Geschäftsführung wurde definiert, wie viel Prozentpunkte Verbesserung zur nächsten Befragung angestrebt wurden. Diese Vereinbarung wurde mit der variablen Bonusregelung gekoppelt. Somit hat das Ergebnis der umgesetzten Führungsaktivitäten den gleichen Stellenwert wie die Zielerreichung von Umsatz, Rendite und individuellen Jahreszielen, die klassisch bei den meisten Unternehmen Einfluss auf die variable Vergütung von Managern haben. Mit jeder Führungskraft wurde vereinbart, welches Ergebnis in Form von prozentualer Verbesserung sie bei der nächsten Mitarbeitendenbefragung erreichen sollte. Dieser vereinbarte Wert floss in ihre zukünftige variable Vergütung ein. Ein Wert von 80 Prozent Zustimmung der Mitarbeitenden in der Befragung ist laut »Great Place to Work«-Institut ein Spitzenwert. Hat eine Führungskraft diese Prozentzahl erreicht, greift die Bonuszahlung zu 100 Prozent. Wenn ein anderer Vorgesetzter nur 65 Prozent Zustimmung seiner Mitarbeitenden erhalten hatte, musste er intensivere Führungsarbeit leisten, um sich zu verbessern und daraufhin eine höhere variable Vergütung zu erreichen.

Führung hat einen entscheidenden Einfluss auf die Unternehmenskultur. Die Befragung hatte stets zum Ziel, eine exzellente Unternehmenskultur zu entwickeln, um das Unternehmen erfolgreicher zu machen. Hierfür spielt das Verhalten der Führungskräfte eine zentrale Rolle. Ein positives Führungsverhalten und das Eingehen auf die Wünsche und Bedürfnisse der Mitarbeitenden sollte daher auch positive finanzielle Auswirkungen auf die variable Vergütung der Vorgesetzten haben.

> Auf Kongressen und Konferenzen höre ich häufig von Geschäftsleitungsmitgliedern, dass deren Mitarbeitende das Wichtigste seien und stets im Mittelpunkt stünden. Dann frage ich die Vortragenden, welche Kriterien in der variablen Vergütung sie für ihre Führungskräfte einsetzen. Meistens erwidern sie: Umsatz und Gewinn. Darauf antworte ich, dass dann nicht der Mensch im Mittelpunkt ihres Handels steht, sondern Umsatz und Gewinn.

Indem wir bei Phoenix Contact zu Umsatz, EBIT und individuellen Zielen die Ergebnisse der Befragung von Mitarbeitenden ergänzt haben, konnte wir stets betonen, dass bei uns der Mensch wirklich im Vordergrund steht.

4.3   Widerstände von Führungskräften

Ich muss eingestehen, dass bei der Einführung dieses Systems nicht gerade große Begeisterung der Führungsmannschaft zu spüren war. Einige wollten ihr Führungsverhalten nicht durch die Mitarbeitenden beurteilen lassen.

Ich erinnere mich an eine hochrangige Führungskraft, die immer wieder die Befragung ihrer Mitarbeitenden verschoben hat. Ich bat sie zum Gespräch und sie erklärte mir, dass beim ersten Mal ein wichtiges Projekt in Indien im Vordergrund stand, sodass sie in ihrem Team die Befragung nicht durchführen konnte. Beim nächsten Mal war es ein wichtiges Projekt in China usw. Hier musste ich viel Ausdauer sowie Überzeugungskraft aufbringen und zahlreiche Gespräche führen, was mich manchmal an den Rand der Verzweiflung führte. Auch hier war wieder meine Überzeugung über die Richtigkeit dieser Maßnahme gefordert, die notwendige Resilienz und die HR-Vision, die mir Kraft gegeben hat, nicht aufzugeben und am Ball zu bleiben. Deshalb möchte ich HR-Manager ermutigen, ebenfalls für ihre Vision zu kämpfen.

Unternehmenskultur muss mit Umsatzwachstum und Rendite gleichwertig betrachtet werden, da sie den Unternehmenserfolg entscheidend beeinflusst. Der Schlüssel des Erfolges sind dabei die Mitarbeitenden.

> Wenn Mitarbeitende sich gut behandelt fühlen und zufrieden sind, sind sie leistungsbereiter, wodurch das Unternehmen wirtschaftlich erfolgreicher wird.

Durch die Ergebnisse der Befragung von Mitarbeitenden erfahren das Top-Management und die Führungskräfte, was die Belegschaft als Vorteile ihres Arbeitgebers ansehen. Gerade diese Aspekte sollten besonders entwickelt werden, da sie das Unternehmen erfolgreicher und als Arbeitgeber attraktiver machen. Indem der Vorgesetzte Feedback erhält, kann er sich verbessern und sein Team erfolgreicher machen. Meine Erfahrung ist, dass souveräne Vorgesetzte die Befragung gern absolvierten, da sie sich ständig verbessern wollen. Diejenigen, die als Führungskraft weniger erfolgreich und angesehen waren, versuchten, der Befragung zu entgehen, obwohl sie sie am nötigsten hatten. Hier mussten alle HR-Manager persönlich eingreifen, damit die Befragungen durchgeführt wurden, um das Führungspotential dieser Führungskräfte zu verbessern. Ich kann jedem empfehlen, diesen Weg zu gehen, denn er macht das Unternehmen erfolgreicher und die Mitarbeitenden zufriedener.

Video: Mitarbeitende äußern sich bei Great Place to Work zur Unternehmenskultur

5 Ausrichtung von Human Relations

Der Blick in die Zukunft und die dafür notwendige Fantasie ist besonders wichtig. Henry Ford wurde einst gefragt, ob er intensive Marktanalysen durchgeführt hat, um so erfolgreich zu werden. Er antwortete:

> *Nur zum Teil. Hätte ich meine Kunden gefragt, was sie benötigen,*
> *hätten sie geantwortet, ein schnelleres Pferd. Ich schaute in die*
> *Zukunft und entwickelte daher Autos.*
> (Henry Ford)

Visionen geben uns langfristig Kraft, Ziele im Auge zu behalten und sie zu verfolgen. Wenn man von einem Berggipfel zu einem höheren will, kann man das leider nicht auf direktem Wege erreichen. Nur in der Geometrie ist die kürzeste Distanz zwischen zwei Punkten eine Gerade. In der täglichen Herausforderung leider nicht. Man muss absteigen und wieder aufsteigen. Gerade der Abstieg als Symbol für Widrigkeiten oder Niederlagen ist besonders herausfordernd. Hier kann man als Manager und als Mensch schnell aufgeben. Wenn man aber seine Vision vom höheren Gipfel fest im Auge behält, wird man die Hoffnung nicht aufgeben und eher Kraft finden, die kommenden anstrengenden Herausforderungen zu meistern und seine Vision schließlich zu realisieren. Visionäres Managen gehört für mich unabdingbar zum Erfolg von Human-Relations-Management.

Abb. 25: Der kürzeste Weg zum Ziel ist meistens nicht der realistische.

5.1   Visionäres Managen

Die Ausrichtung auf die Zukunft ist hierbei der Fokus. Die primäre Frage lautet: Was wird mein HR-Kunde bzw. mein Unternehmen in ferner Zukunft brauchen, um erfolgreich zu sein und was davon muss ich heute in Gang setzen?

Visionäres Management

Ausrichtung des Unternehmens
an den Megatrends

- Wo wird unsere Welt in 10 und
  20 Jahren sein?
- Was können wir vom
  Unternehmen dafür leisten?

Visionäres HR-Management
- Ausrichtung des Unternehmens an den **Megatrends**
  - Wo wird unsere Welt in zehn und 20 Jahren sein?
  - Was können wir vom Unternehmen dafür leisten?
- **Megatrends für Human Relations**
  - Digitalisierung, New Work
  - Demografie – Fachkräftegewinnung und -sicherung
  - Unternehmenskultur – Employer Branding
  - Wertewandel der Generationen

Die Digitalisierung wird ein Megatrend für lange Zeit sein. Human-Relations-Management muss die Motivation und Qualifikation der Mitarbeitenden dafür positiv entwickeln (siehe Kapitel 10). Die Demografie wird durch weniger Fachkräfte in der Zukunft ein wichtiger Megatrend für HR sein (siehe Kapitel 14.1).

Eine exzellente Unternehmenskultur wird ein Erfolgsgarant der Zukunft bleiben. Immer mehr Bewerber legen darauf einen großen Wert. Generation Y, Z und Digital Natives haben eine anderes Wertesystem für die Arbeit als die vorhergehenden Generationen. Darauf muss HR seine Arbeit und das Unternehmen ausrichten, um die eigene Zukunft zu sichern (Kap. 6.3).

5.2   Marktgerechtes Managen

Die Ausrichtung an den aktuellen Kundenbedürfnissen sowie deren Erfüllung kann nicht hinter der Mitarbeiterzufriedenheit zurückstehen und steht ebenso im Vordergrund. Selbstverständlich muss sich HR neben dem visionären Managen auch auf den aktuellen Bedarf ihres Marktes, d. h. auf die Ansprüche der Geschäftsleitung, der Führungskräfte und der Mitarbeitenden einrichten und ihnen gerecht werden. Diese Bedürfnisse wurden in HR-Befragungen von Stichproben aus der Belegschaft ermittelt. Daraus wurde das marktgerechte Managen abgeleitet, dessen zentrale Aufgaben Human Relations zu erfüllen und auszubauen hat. Dazu gehören bei Phoenix Contact primär:

1. *Unternehmens- und Führungsleitlinien und deren Einhaltung*
2. *Alternativen zur Führungslaufbahn*
3. *Kompetenzmodell mit Betonung der Digitalisierung*
4. *Umfangreichere Informationen über strategische Entwicklungen der Digitalisierung*
5. *Aktivere Partizipation der Mitarbeitenden bei der digitalen Transformation*
6. *Work-Life-Balance mit flexiblen Arbeitszeiten und mobilen Arbeitsmöglichkeiten*
7. *Wertewandel*
8. *Gesundheitsmanagement*

5.3   Wertewandel

Der Wertewandel der Generationen muss besonders berücksichtigt werden. Die Werte der Generation X sind andere als die der Digital Natives. Betrachten wir zunächst die Werte unserer Großeltern. Der Großvater eines Freundes hatte einst im Bergbau gearbeitet. Es war sehr harte Arbeit und er ist bereits mit 55 Jahren an Staublunge gestorben. Er hat sein Leben nicht nach der Spitze der Maslow-Pyramide gelebt, wo Selbstverwirklichung an erster Stelle steht.[20] Er und viele Menschen der Großelterngeneration sahen die Arbeit als Bürde an. Sie haben eine Familie ge-

---

20   Vgl. Maslow, A. 2017.

gründet und sahen sich in der Verantwortung, für sie zu sorgen. Freude an der Arbeit spielte eine geringe Bedeutung.

Ich gehöre zur Generation X. Als ich Schulzeit und Studium beendet hatte, wollte ich meine erworbenen Kenntnisse zügig beruflich umsetzen. Meine Generation hat sich zum Nachteil des Privatlebens stark auf den Beruf ausgerichtet und konzentriert.

Generation Y, Z und Digital Natives wünschen sich dagegen eine gute Work-Life-Balance. An oberster Stelle steht nicht mehr der Beruf, sondern die Ausgewogenheit zwischen Arbeits- und Privatleben. Durch Corona und die daraus resultierenden positiven Erfahrungen im Homeoffice hat sich sogar bei der Generation X die Einstellung hin zu mehr Work-Life-Balance verändert. Diese neuen Bedürfnislagen spiegeln sich auch in den Befragungen der Mitarbeitenden wider, die wir bei Phoenix Contact regelmäßig durchführten.

Durch die Erfüllung der Bedürfnisse von Mitarbeitenden konnten wir diverse Erfolge verbuchen. Seitdem diese Erfolge sichtbar geworden sind, werden HR-Aktivitäten von Führungskräften und Mitarbeitenden aktiv mitgetragen, wodurch der Prozess der ständigen Optimierung der Unternehmenskultur eine Beschleunigung erfahren hat.

> Die Kunst des Erfolges von Human-Relations-Management liegt in den bedürfnisorientierten und passgenauen Ableitungen aus den Mitarbeitendenbefragungen und vor allem in deren Umsetzung.

Wichtig sind dabei Glaubwürdigkeit und Nachhaltigkeit, die von den Verantwortlichen in guten und vor allem in schlechten Zeiten gezeigt werden müssen (siehe Kapitel 3.4). All die Maßnahmen sind kein Selbstzweck, sondern dienen dem wirtschaftlichen Erfolg des Unternehmens. Ich betrachte einen HR-Manager wie einen Sporttrainer, der dafür sorgen soll, dass seine Mannschaft gewinnt. Daher halte ich von Begriffen wie dem des Feel-Good-Managers nichts. Bei dieser Definition wird der HR-Manager mehr als Entertainer der Belegschaft verstanden. Von der Bezeichnung Employee Experience halte ich ebenfalls nicht viel, weil sie suggeriert, dass sich HR primär um die Erlebnisse von Mitarbeitenden kümmert. Das allein genügt nicht, um als HR-ler im Unternehmen besonders geschätzt zu werden. Kein Sporttrainer wird als erfolgreich bezeichnet, wenn sich die Mannschaft zwar wohlfühlt und interessante Erlebnisse hat, aber nicht gewinnt.

Deshalb geht es mir um die Performance der Mitarbeitenden und den daraus resultierenden Unternehmenserfolg. Beides wird durch eine exzellente Unternehmenskultur gewährleistet. Phoenix Contact wächst stärker als seine Branche, ist seit vielen Jahren Marktführer und baut diese Position stetig weiter aus. Außerdem konnten wir, das HR-Management, die Wirtschaftlichkeit einer exzellenten Unternehmenskultur auch messbar machen (vgl. Kapitel 14).[21]

5.4   Entwicklung einer Unternehmenskultur

Hinter einer Unternehmenskultur steht immer eine Entwicklungsgeschichte, die ständige Anpassungen verlangt. Digitalisierung, Globalisierung, VUCA u. a. m. machen es notwendig, den Führungsstil zu aktualisieren. Ich möchte ihnen zur Anschauung schildern, wie sich die Führungskultur von Phoenix Contact gewandelt hat. Sie werden erkennen, dass es sich dabei um einen kontinuierlichen Prozess handelt, für den es eine Menge Zeit und Ausdauer braucht, um die Kultur eines Unternehmens nachhaltig zu entwickeln.[22]

Zu Beginn der Neunzigerjahre wurde bei Phoenix Contact die Vision geboren, »Mitarbeitende zu Unternehmern« zu entwickeln. Am Anfang stand die Frage, was typische Merkmale von Unternehmern sind: Was motiviert sie? Wie denken und handeln sie? Vier Aspekte wurden als die charakteristischsten definiert:

Vision 1991: »Mitarbeitende zu Unternehmern«
1. Unternehmer entwickeln eigenständig ihre Unternehmensziele.
2. Sie entscheiden über ihr Budget selbstständig und verantwortungsvoll.
3. Sie erreichen hohe Zufriedenheit und Identifikation mit dem Unternehmen.
4. Sie verfügen über hohe Leistungsbereitschaft und Zielerreichungsvermögen.

Um diese vier Parameter auf die Mitarbeitenden zu transferieren, wurden komplexe und ganzheitliche Prozesse im Unternehmen initiiert. Dabei stand das Ziel im Vordergrund, Mitarbeitende so zu entwickeln, dass das angestrebte unternehmerische Denken und Handeln realisiert wird. Ein komplexer Prozess von der Vision bis zur

21   Vgl. Olesch, G., 2014.
22   Vgl. Lasko, W./Busch, P. 2007.

Umsetzung wurde über mehrere Schritte generiert. Im ersten Schritt wurden die Unternehmensleitlinien, -kultur sowie Führungsleitlinien erarbeitet.

Dieser erste Schritt geschah durch Initiative und unter Moderation des HR-Managements. Unterschiedliche Mitarbeitergruppen wurden eingebunden, um ein breites Meinungsspektrum zu gewinnen sowie eine große Beteiligung und Identifikation zu erreichen. Die Maxime war, Betroffene zu Beteiligten zu machen. In zahlreichen Moderationen und individuellen Einzelgesprächen wurden die ersten Elemente gemeinsam erarbeitet.

Aus der Vision »Mitarbeitende zu Unternehmern« wurden Unternehmensleitlinien entwickelt. Sie definierten die wesentlichen strategischen Rahmenbedingungen und Werte des Unternehmens, an denen sich alle Mitarbeitenden orientierten. Es sind quasi die Leitplanken, die den Rand der Straße begrenzen, auf der sich die Mitarbeiter frei bewegen können.[23]

Unternehmensleitlinien 1993
1. Mit innovativen Produkten, hoher Fertigungskompetenz und optimalem Service sind wir ein zuverlässiger Partner.
2. Finanzielle Unabhängigkeit sichert ein nachhaltiges Wachstum.
3. Mit internationaler Ausrichtung wird in allen Industrienationen eine führende Marktposition angestrebt.
4. Unsere Unternehmenskultur fördert das Erreichen vereinbarter Ziele. Im Fokus steht die Zufriedenheit der Kunden und der Mitarbeitenden.

Ausgehend von dieser ersten Version einer Vision wurden die Inhalte der Jahresziele gemäß der Unternehmensziele definiert:

Inhalte der Jahresziele
1. Umsatz je Produktlinie und Vertriebsregion
2. Strategische Maßnahmen (z. B. Aufbau einer neuen Produktlinie oder Branche)
3. Investitionen
4. Personal (Wie viel, mit welcher Qualifikation und zu welchen Kosten)
5. Kosten

23   Vgl. Olesch, G: 2010 a.

Das Besondere an der Vorgehensweise von Phoenix Contact war, dass die Unternehmensziele nicht traditionell nur von der Geschäftsleitung entwickelt wurden, sondern die Mitarbeitenden umfangreich an der Generierung beteiligt waren. Voraussetzung dafür war, dass ihnen umfangreiche Informationen über den Markt und die Kunden zugänglich gemacht wurden. Ziel war es, dass sie wissen, wie die Kunden denken und was diese von ihnen erwarten. Um das zu erreichen, wurden auch Mitarbeitende von nicht kundennahen Bereichen wie der Produktions- oder Entwicklungsabteilung zu Kunden auf Messen entsandt. In unternehmensinternen Medien und Veranstaltungen wurden Details über den Markt berichtet. Dadurch entstand bei den Mitarbeitenden eine differenziertere Sicht und sie konnten aktiv bei der Entwicklung der Unternehmensziele mitwirken.

6 Zielvereinbarung durch Target Card

6.1 Transaktionale Führung

Während der Neunzigerjahre verwendeten wir den transaktionalen Führungsstil gemixt mit einem Anteil transformationaler Führung. Transaktionale Führung zeichnet sich durch klare Regeln, Strukturen und Ziele aus. Es handelt sich um einen sachlichen und rationalen Austauschprozess zwischen Führungskraft und Mitarbeitenden. Der Vorgesetzte vereinbart mit dem Mitarbeitenden, was er von ihm erwartet. Dabei liegt der umgesetzten Arbeit der Tauschgedanke zugrunde. Also eine Beziehung nach dem Prinzip Geben und Nehmen.

6.2 Transformationale Führung

Die transformationale Führung gilt heute als der Führungsstil schlechthin, wenn es um dynamische Unternehmen geht. Sie soll prinzipiell dabei helfen, das Verhalten der Mitarbeiter positiv zu beeinflussen. Zentral sind Engagement, Loyalität und Selbstdisziplin. Transformationale Führung ist ein Führungsstil, bei dem durch das Führen mit Werten und Einstellungen und durch langfristige, übergeordnete Ziele eine Leistungssteigerung stattfinden soll. Bei der transaktionalen Führung ist die Motivation der Mitarbeiter zum Teil extrinsisch. Bei der transformationalen Führung ist die Motivation der Mitarbeiter hingegen eher intrinsisch.

Damit die Unternehmensziele für den einzelnen Mitarbeitenden transparent werden, wurde bei Phoenix Contact die Target Card als Führungsinstrument eingeführt. Sie orientierte sich an der Balanced Scorecard, ergänzt durch Innovation als fünftes Kriterium, da es ein wichtiger Wert in der Unternehmensvision ist (Kapitel 3). Die fünf Kriterien sind demnach Markt, Finanzen, Prozesse, Innovation und Mitarbeitende.

	Zielerfolgsfaktor	Zielwert
Prozesse		
Phoenix Contact steht weltweit konsequent für kundenorientierte Qualität von Produkten & Prozessen	Liefergrad der Topseller (Artikel, die 80 % aller Bestellpositionen ausmachen)	Jeden Monat ≥ 97 %
Kunde Markt		
Phoenix Contact tritt als Gruppe global auf. In Schlüsselmärkten der industriellen Elektrotechnik streben wir eine führende Marktposition an.	Wachstum Außenumsatz — Umsetzung der Marktsegmente	> 8 % — 100 % Umsetzung des Roll-Out Plans
Innovation & Entwicklung		
Phoenix Contact verfolgt mit seinen Produkten & Dienstleistungen grundsätzlich eine Strategie der Leistungsdifferenzierung	Phocus-Markt-Kampagnen	80 % der Phocus-Markt-Kampagnen sind erfolgreich umgesetzt
Finanzen		
Phoenix Contact verfolgt eine Strategie des nachhaltigen Wachstums bei gleichzeitiger Einhaltung der Ertragsziele zur Sicherung der finanziellen Unabhängigkeit	Kapitalbindung durch höhere Umschlagshäufigkeit reduzieren durch aktives Kostenmanagement	Umschlagshäufigkeit um 6 % erhöhen — EBIT % > 2011
Mitarbeiter		
Unsere Unternehmenskultur fördert Vertrauen und die Entwicklung der Mitarbeiter zum Erreichen vereinbarter Ziele	Aus der GPTW-Befragung 2011 sind in allen Bereichen wirksame Maßnahmen abgeleitet und dokumentiert	100 % der Maßnahmen sind umgesetzt

Abb. 26: Beispiel einer Target Card von 2011[24]

---

24   Aus Vertraulichkeitsgründen habe ich veraltete Daten gewählt.

Ziele werden in messbaren Kriterien dargestellt und von der Geschäftsleitung über die Führungskräfte schließlich auf den einzelnen Mitarbeitenden kaskadenförmig heruntergebrochen. Dadurch weiß jeder Mitarbeitende, wie sein persönlicher Beitrag zum gesamten Unternehmenserfolg aussieht.

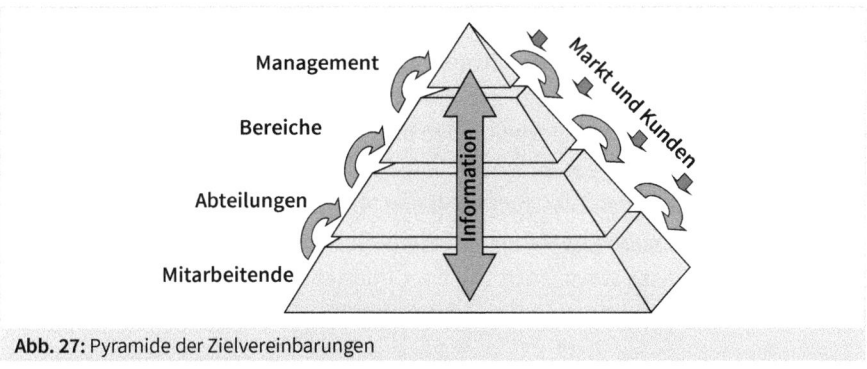

Abb. 27: Pyramide der Zielvereinbarungen

Der Prozess der Zielvereinbarung besteht aus mehreren Schritten. Im ersten werden die vom Kunden abgeleiteten Grobziele durch die Geschäftsleitung kaskadenförmig über die Führungsebenen bis zum Mitarbeitenden weitergetragen. Im nächsten Schritt entwickeln die Mitarbeitenden daraus Abteilungsziele für Umsatz, strategische Ausrichtung, Investitionen, Personal und Kosten. Diese müssen im Einklang mit den Unternehmensleitlinien stehen. Im dritten Schritt werden alle Abteilungsziele zur Geschäftsleitung zurückkaskadiert. Deren Aufgabe ist es nun, alle Ziele zu einem gemeinsamen Fokus zu bündeln und mit den Unternehmensleitlinien abzugleichen.

Im letzten Schritt werden danach die endgültigen Ziele im Unternehmen freigegeben und veröffentlicht. Jede Einheit des Unternehmens kann nun ihre verabschiedeten Abteilungsziele frei von sonstigen Freigabeverfahren verfolgen. Die Mitarbeitenden des Bereiches können über geplante Investitionen, Kosten, Personal selbstständig entscheiden. Das entspricht der Vision des Mitarbeitenden als Unternehmer. Er kann in seinem Bereich über das jeweilige Budget eigenständig entscheiden. Das wiederum setzt eine starke Motivation und Leistungsbereitschaft frei. Quartalsweise erhalten die Abteilungen vom Controlling einen Soll-Ist-Vergleich, sodass vor Ort eine hohe Transparenz besteht und notwendige Korrekturen vorgenommen werden können.[25]

---

25   Vgl. Olesch, G. 2016 b.

Nun setzt der nächste Schritt an, in dem der Zielvereinbarungsprozess mit der variablen Vergütung der Mitarbeitenden gekoppelt wird. Aus den Unternehmenszielen werden nun die einzelnen Mitarbeiterziele zwischen Vorgesetzten und Mitarbeitenden entwickelt und vereinbart. Das erfolgt nach der SMART-Methode: schriftlich, messbar, attraktiv, realistisch und terminiert.

In der persönlichen Zielvereinbarung werden maximal vier Jahresziele formuliert, die jeweils an zwei messbare Kriterien gebunden sind. Nach Abschluss des Jahres wird zwischen Vorgesetzten und Mitarbeitenden besprochen, inwieweit die Ziele erreicht wurden – und dieses wird entsprechend vergütet. Die variable Gehaltskomponente der Vergütung bewegt sich zwischen zwölf und 30 Prozent der Jahresvergütung. Mit dieser variablen Komponente kann der Mitarbeitende Einfluss auf sein Gehalt ausüben. Er wird auf diese Weise auch wie ein Unternehmer am Erfolg des Unternehmens beteiligt, der Umsatzveränderungen direkt zu spüren bekommt.[26]

Der vierte Schritt beinhaltet notwendige Optimierungen. In jeder Entwicklung eines komplexen Systems, wie z. B. dem beschriebenen, gibt es Korrekturbedarf. Der sich verändernde Markt und neue Bedürfnisse des Kunden wirken auf das System ein und erfordern eine Anpassung oder Optimierung. Diese wird primär durch adäquate Trainings, Organisationsentwicklungsmaßnahmen und durch Coaching von Mitarbeitenden und Vorgesetzten realisiert. In dieser »After-Sales-Phase« muss ein Unternehmen bereit sein, Kapazität, Zeit und Geld zu investieren, um jederzeit Effektivität und Glaubwürdigkeit zu erreichen.

In der Ausrichtung von Industrieunternehmen standen in den Sechziger- und Siebzigerjahren neue Technologien sowie Produktinnovationen im Vordergrund. Diese Jahrzehnte waren geprägt von großen Einstellungsschüben. Arbeitslosigkeit war in West-Deutschland seinerzeit ein Fremdwort. Mitte der Achtzigerjahre wurden die Themen Lean Management, Rationalisierung sowie Kostenreduzierung bestimmend. Die Folgen der Rationalisierung waren nicht nur schnellere und effizientere Abläufe durch den Einsatz komplexer Computer- und Automatisierungstechnik, sondern auch ein massiver Personalabbau in vielen Bereichen. Im Gegensatz zu den vorangegangenen Jahrzehnten wurde die wachsende Arbeitslosigkeit ein Kernthema für Wirtschaft und Politik.

---

26   Vgl. Olesch, G. 2011.

Im internationalen Vergleich steht Deutschland in puncto Personalkosten im oberen Bereich. Daher stimmt es nicht verwunderlich, dass Maßnahmen zur Kostensenkung häufig Konsequenzen für die Mitarbeiterschaft eines Unternehmens haben. Ganze Produktionsbetriebe wurden in Billiglohnländer ausgelagert, wodurch Arbeitsplätze hierzulande entfielen. Manche Unternehmen, vor allem aus dem Bereich der Großindustrie, haben mit diesen Verlagerungen ihre Ertragssituation verbessert.

Sowohl der Mittelstand als auch Privatunternehmen haben diese Verlagerung nicht in vergleichsweisem Umfang wahrgenommen. Da die deutsche Industrie zu 80 Prozent eine mittelständische Struktur aufweist, ist der Arbeitsplatzabbau durch Verlagerungen von Produktionen ins Ausland nicht ausgeufert. Gerade die große Weltwirtschaftskrise im Jahr 2009 hat Deutschland aufgrund dieser Gegebenheiten besonders schnell überwunden (vgl. Kapitel 3.4).

6.3   Führung und Fairness

Beim Thema Unternehmensführung stehen Effizienz und der unternehmerische Nutzen im Vordergrund. Ethische Aspekte werden dabei oftmals weniger berücksichtigt.

> Personalrelevante Maßnahmen und Instrumente können zum Nutzen und Wohle der Mitarbeitenden, aber auch zu deren Nachteil eingesetzt werden. Das Instrument ist wie ein Messer: Man kann es nutzen, um Brot zu schneiden oder um Menschen zu verletzen. Nicht das Messer selbst ist dabei der negative Faktor, sondern der Mensch, der es entsprechend einsetzt.

In manchen Unternehmen herrschte in den letzten Jahrzehnten eine Win-lose-Situation zwischen Management und Mitarbeitenden vor. Das Management wollte im Interesse seines Unternehmens eine Win-Situation erreichen, wobei die Mitarbeitenden unter Umständen in eine Lose-Situation versetzt wurden, da ihre Bedürfnisse kaum Berücksichtigung fanden. Die verantwortlichen Führungskräfte, die ihre rein ökonomische Zielsetzung versteckt oder offen vertraten, erzielten vielleicht kurzfristig Erfolge, langfristig gesehen jedoch nicht. Erkennen Mitarbeitende, dass sie in eine Lose-Situation gebracht werden, sinken ihre Motivation und Performance, was mittelfristig wirtschaftliche Nachteile für das Unternehmen zur Folge hat.[27]

---

27   Vgl. Olesch, G. 2010 b.

Unternehmensberater, die mit radikalen Maßnahmen kurzfristig Kostenreduzierungen erreichen, können für die sich langfristig ergebenden negativen Auswirkungen nicht mehr verantwortlich gemacht werden. Zu diesem Zeitpunkt haben sie sich als »Sanierungsmanager« bereits zu einem anderen Unternehmen »weiterentwickelt«. Solche Manager stellen ihren Auftraggebern oft ohne differenzierte Analyse in Aussicht, die Kosten um 30 Prozent zu reduzieren. Welchem Unternehmer gefällt eine derartige Perspektive nicht? Ob bei diesen verlockenden Angeboten jedoch auch der langfristige wirtschaftliche Erfolg und das Aufrechterhalten der Motivation der Mitarbeitenden gebührend berücksichtigt wird, mag bezweifelt werden.

In vielen Unternehmen ist auch einen Managertypus verbreitet, der die Aufgabe des stringenten Führens ganz im Sinne des Unternehmens versteht. Er sieht sich selbst als starke Führungskraft mit Durchsetzungsvermögen. Dieser Manager will allen beweisen, dass er derjenige ist, der allein weiß, was richtig ist, der ständig seinen Mitarbeitenden sagt, was sie zu tun haben. Ein solcher Managertyp entspricht nicht dem Profil der verantwortlichen und transformationalen Führungskraft, die die Stärken ihrer Mitarbeitenden erkennt und zum Wohle des Unternehmens fördert. Philip Rosenthal hat es einmal so formuliert:

> *Das Ideal eines Managers ist der Mann, der genau weiß, was er nicht kann,*
> *und der sich dafür die richtigen Leute sucht.*
> (Philip Rosenthal)

Der von mir beschriebene negative Managertyp besitzt oftmals ein geringes Verantwortungsgefühl gegenüber seinen Mitarbeitenden. Primäres Ziel ist sein persönlicher Erfolg. Dafür nimmt er ein Win-lose-Verhältnis zu seinen Mitarbeitenden in Kauf. Häufig werden Mitarbeitende in ihrer Leistungsbereitschaft unterschätzt und die Aufgabe, für ihre Motivation Verantwortung zu übernehmen, wird vernachlässigt. Fälschlicherweise meinen manche Vorgesetzte, ihre Mitarbeitenden permanent antreiben zu müssen, statt sie zu ermutigen und zu coachen. Leider bewahrheitet sich in solchen Führungskulturen das Phänomen der Selffulfilling Prophecy: Einstellung und Führungsstil erzeugen langfristig Mitarbeitende, die, weil es an Feedback und einer förderlichen Führung mangelt, nur noch mit geringer Motivation Dienst nach Vorschrift machen. Die Folge ist, dass die Leistungsfähigkeit sowie die Arbeitsqualität sinken. Damit schließt sich der Circulus vitiosus. Nicht nur der langfristige Misserfolg dieser Manager, sondern auch ein Schaden am gesamtunternehmerischen Erfolg resultiert aus einer mangelnden Unternehmensethik.

6.4 Unternehmensethik und Performance

Was bedeutet Unternehmensethik konkret? Unternehmensethik besteht darin, die humanistische Verantwortung den Mitarbeitenden gegenüber zu übernehmen, sowie in der Verpflichtung der Unternehmensführung, auch danach zu handeln. Unternehmensethik ist auf sittlichen und tugendhaften Grundsätzen aufgebaut und begreift eine menschliche, respektvolle und förderliche Mitarbeiterführung sowie ein gutes Unternehmensklima als wesentliche Einflussfaktoren für den gesamtunternehmerischen Erfolg. Schließlich sind es die Menschen, die neue Produkte entwickeln, sie herstellen, vermarkten und verkaufen. Daher sollten sie im Mittelpunkt der Unternehmensführung stehen.

> *Letzten Endes kann man alle wirtschaftlichen Vorgänge auf drei Worte reduzieren: Menschen, Produkte und Profite. Die Menschen stehen dabei immer an erster Stelle. Wenn man kein gutes Team hat, kann man mit den beiden anderen nicht viel anfangen.*
> (Lee Iacocca)

Auch die Unternehmensethik unterliegt einem Wandel, denn die Auffassungen über ethische Grundsätze ändern sich. Konstanter Faktor ist jedoch immer eine menschenfreundliche Einstellung. Manager haben langfristig mehr Erfolg mit ihrem Team, wenn sie von einem positiven Menschenbild ausgehen, das von Respekt vor dem anderen geprägt ist. Damit ist jedoch kein Laisser-faire-Führungsstil gemeint. Einen guten Manager, der echtes Interesse an seinen Mitarbeitenden hat, zeichnet ein ziel- und leistungsorientiertes Führen mit ausgeprägter Wertschätzung den Menschen gegenüber aus. Das Ideal ist erreicht, wenn Leistung und Erfolg des Unternehmens sowie der Mitarbeitenden miteinander einhergehen.[28]

> *Eine ausgeprägte Unternehmensethik beeinflusst das wirtschaftliche Ergebnis eines Unternehmens positiv.*
> (Daniel Goleman)

---

28 Sackmann, S. 2017.

Das hat Daniel Goleman in 300 Untersuchungen bei internationalen Unternehmen herausgefunden.[29] Auch ich habe bei meiner Tätigkeit die Unternehmenskultur als wichtigen Erfolgsfaktor betrachtet. Für mich bedeutet das:

> Wir führen mit Zielvereinbarungen.
> Wir machen Betroffene zu Beteiligten.
> Unsere Zusammenarbeit beruht auf gegenseitiger Wertschätzung und Vertrauen.
> Wir gehen engagiert in der Sache und freundlich miteinander um.
> Initiative und Kreativität kennt Fehler, wir lernen aus ihnen und begehen sie nur einmal.

Es ist ein Leichtes, zu diesen Prinzipien verbale Zustimmung zu erhalten. Schwieriger wird es, sie bei Konflikten im Unternehmen unverändert zu beherzigen und in angespannten Situationen und Krisen gleichbleibend überzeugt zu leben. Hier beweisen sich die echten Führungskräfte und outen sich die Mitläufer. Ist einmal die Unternehmensethik definiert und von Führungskräften und Mitarbeitenden angenommen, bedeutet das nicht, dass jeder Mitarbeitende sie gleich intensiv lebt. Verschiedene Menschen haben unterschiedliche Einstellungen, wobei Spielregeln und Grundsätze nicht von jedem als verbindlich betrachtet werden. Selbst mit modernen Personal-Auswahlverfahren, mit Personalentwicklung und Coaching gelingt es nicht, nur loyale und verantwortungsbewusste Führungskräfte zu gewinnen. Ist die Unternehmensethik jedoch mehrheitlich angenommen, stellen Quertreiber kein existentielles Risiko mehr dar. Im Falle von andershandelnden Führungskräften obliegt es der Unternehmensleitung abzuwägen, ob diese Kraft weiterhin für das Unternehmen tragbar ist, da sie langfristig die Glaubwürdigkeit der Unternehmenskultur schwächt.[30]

Lebendige und gelebte Unternehmensethik ist wie ein gesunder Körper. In ihm befinden sich zwar immer auch Krankheitserreger. Die Krankheiten kommen jedoch nicht zwangsläufig zum Ausbruch und schwächen den Organismus. Wird der Körper allerdings nicht fit gehalten, so können sie ihm schaden. Bei einer mangelnden Unternehmensethik kann durch fehlende Motivation, durch Konflikte und Leistungsschwäche der Erfolg des Unternehmens stark beeinträchtigt werden. Es wird nicht

---

29   Goleman, D. 2003.
30   Olesch, G. 2010 c.

seine volle Kraft entfalten und nicht den möglichen Erfolg auf dem Markt erzielen können.

Mit dieser Erkenntnis pflegten wir bei Phoenix Contact eine exzellente Unternehmensethik, um auch in Zukunft erfolgreich zu sein und weiter zu wachsen. Ohne tiefe Überzeugung von ihrer Sinnhaftigkeit ist die Implementierung solch einer Unternehmensethik jedoch von wenig Erfolg gekrönt, denn Ethik und Kultur können einem Unternehmen und seiner Belegschaft nicht aufgepfropft werden. Die Führungskraft ist dabei eine wichtige Säule, das Gebäude einer Unternehmenskultur standhaft und stabil zu machen. Dafür braucht sie Orientierung und Führungsleitlinien, die der jeweiligen Zeit und Entwicklung angepasst werden.

6.5   Ethisches Verhalten in der Krise

Die Weltwirtschaftskrise 2009 und die Corona-Krise 2020 stellten große Herausforderungen gerade an die ethischen Werte eines Unternehmens. Der Zusammenbruch der Wirtschaft entstand 2009 durch unethisches Verhalten von amerikanischen Bankmanagern. Aus meiner Sicht hat ein Manager fünffache Verantwortung:

Verantwortung für
- die Kunden
- das Unternehmen
- die Mitarbeitenden
- die Gesellschaft
- sich selbst

Diese fünf Verantwortungsbereiche sollten ausgewogen und balanciert sein. Faktisch haben 2009 einige Bankmanager primär nur für sich selbst gesorgt und bewusst Geschäfte zum Nachteil ihrer Kunden abgeschlossen. Nicht mangelndes Wissen und geringe Intelligenz führten zur Katastrophe, sondern ausschließlich eigenes Profitdenken und die Gier nach Geld. So funktioniert keine Volkswirtschaft.

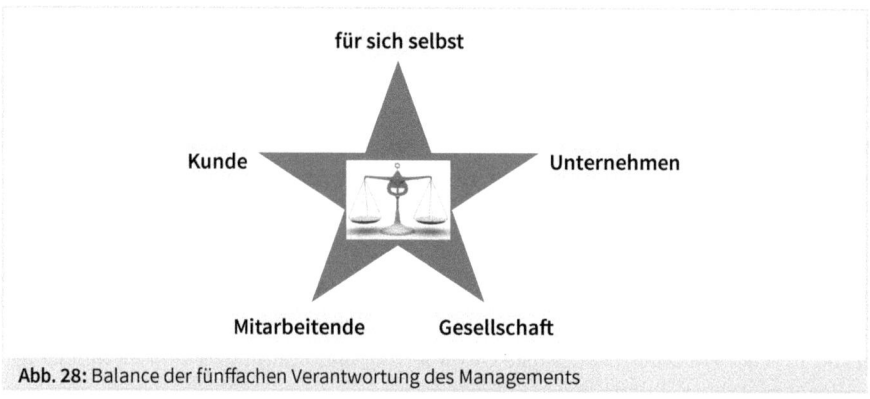

Abb. 28: Balance der fünffachen Verantwortung des Managements

Für eine gute und ethische Unternehmenskultur tragen auch HR-Manager in den Unternehmen Verantwortung.[31] Diese Verantwortung wird jedoch in Kapitalgesellschaften und Privatunternehmen unterschiedlich wahrgenommen. Letztere haben traditionell eine größere soziale Verantwortung und sorgen für stabilere Arbeitsplätze. Privatunternehmen, die primär klein- und mittelständisch ausgerichtet sind, stellen 80 Prozent der Arbeitsplätze in unserem Land. Leider wird diesem Beitrag für den Arbeitsmarkt in den Medien zu wenig Aufmerksamkeit geschenkt.

6.6   Ethisches Verhalten in Kapital- und Privatunternehmen

Manager in Kapitalgesellschaften und Privatunternehmen handeln mit unterschiedlicher sozialer Verantwortung. Inhaber und Manager von Privatunternehmen möchten, dass ihr Unternehmen langfristig bestehen bleibt, damit sie es an folgende Generationen weiterreichen können. Dieses langfristige Denken ist bei Managern von Kapitalgesellschaften nicht unbedingt vorhanden, da sie von ihren Shareholdern an dem Quartalserfolg gemessen werden. Die aktuelle Verweilzeit von Vorständen in Aktiengesellschaften beträgt 4,6 Jahre, die von Geschäftsführern in Privatunternehmen zwölf Jahre. Privatunternehmen tragen in der Regel mehr soziale Verantwortung für ihre Mitarbeitenden. Im Folgenden stelle ich aus meiner Sicht beide unternehmerischen Verhaltensweisen einander idealtypisch gegenüber.

---

31   Olesch, G. 2015 a.

Kapitalgesellschaften

Gewinnmaximierung steht im Vordergrund. Entlassungen werden auch bei gegebener Gewinnsituation vorgenommen, um noch höhere Gewinne zu erzielen.

Personalkostenreduktion wird als Managementstärke angesehen, wodurch die Aktienkurse steigen. Das Management fühlt sich den Mitarbeitenden moralisch weniger verbunden. Nur 20 Prozent der Arbeitsplätze in Deutschland werden von großen Aktiengesellschaften angeboten.

Bei Aus- und Weiterbildung wird häufig gespart.

Verantwortung, dass der Mensch im Mittelpunkt steht, wird gerne in gestylten Broschüren dargestellt und auf Sonntagsreden beschworen. »Mehr Worte als Handeln.«

Aufgrund des notwendigen Reportings gegenüber den Aktionären herrscht Quartalsdenken vor. Entscheidungen mit höheren Risiken werden seltener getroffen.

Wachstum wird verstärkt durch Unternehmensakquisitionen erzielt.

Bei wirtschaftlichen Schwierigkeiten haben Aktiengesellschaften einen finanziell längeren Atem, weil sie zumeist über mehr Liquidität verfügen.

Wenn ein wenig erfolgreicher Manager gehen muss, erhält er meistens eine gute Abfindung.

Große Aktiengesellschaften investieren schwerpunktmäßig im Ausland.

Aufgrund der Auslandsaktivitäten werden weniger Steuern in Deutschland gezahlt.

Große Aktiengesellschaften erwarten mehr Aktivitäten von Politik, Verbänden und Institutionen, um ihre wirtschaftlichen Perspektiven zu verbessern.

Privatunternehmen

Gewinne werden angestrebt, um wachsen zu können, indem Innovationen finanziert, neue Märkte erschlossen und Nischen erobert werden.

Häufig wird in Privatunternehmen langfristiges Denken praktiziert. Wo soll mein Unternehmen morgen und übermorgen stehen? Höhere Risikofreudigkeit ist gegeben.

Wachstum wird primär durch eigene Liquidität erzeugt.

Ein wichtiges Unternehmensziel ist die Sicherung und Schaffung von Arbeitsplätzen für die eigenen Mitarbeitenden, für die das Management sich persönlich verantwortlich sieht.

Personalentlassungen werden nur bei großen wirtschaftlichen Schwierigkeiten vorgenommen. Sie werden oft als persönliche Niederlage betrachtet, weil man sich den eigenen Mitarbeitenden persönlich verpflichtet sieht.

Privatunternehmen und Mittelstand stellen 80 Prozent der Arbeits- und Ausbildungsplätze in Deutschland.

Die soziale Verpflichtung den Mitarbeitenden gegenüber wird häufig ohne Broschüre »gelebt«. »Mehr Handeln als Reden.«

Privatunternehmen gehen schneller in die Insolvenz.

Bei schlechtem Management verliert der Privatunternehmer sein eigenes Kapital.

Der Mittelstand investiert überwiegend am Standort Deutschland.

Weil der Stammsitz in Deutschland liegt, leisten Privatunternehmen den größeren Steuerbeitrag.

Bei dieser Gegenüberstellung muss ein Dilemma, in dem sich Manager in Aktiengesellschaften befinden, zu ihrer Entlastung aufgezeigt werden. Sie sind nicht allein dafür verantwortlich, dass viele Arbeitsplätze aus Gewinngründen abgebaut werden. Viele Bundesbürger, die dem Verhalten von Managern in Aktiengesellschaften kritisch gegenüberstehen, haben ihr Geld in Aktien oder aktiengebundenen Fonds angelegt. Diese Bürger wollen, dass die Kurse steigen, damit sie gute Kapitalerträge erhalten. Das trägt auch dazu bei, die Gewinne um ihrer selbst willen zu maximieren. Also müssen wir Bürger uns auch an die eigene Nase fassen, wenn es zu diesem Dilemma kommt.

Dennoch gehört es für alle Manager dazu, neben dem Ziel der Gewinnmaximierung auch moralische Verantwortung zu tragen. Der ehemalige Nestlé-Chef Helmut Maucher sagte:

> *Kurzfristig orientierte Opportunisten*
> *können die ganze Marktwirtschaft in Verruf bringen.*
> (Helmut Maucher)

Wir konnten einen deutlichen Mangel an ethischem Verhalten bei einigen Top-Managern von Automobilherstellern im Dieselskandal beobachten. Es wurden falsche Abgaszahlen genannt. Dieses Verhalten einiger Manager hat zu extrem hohen Regresskosten, zu einem schlechten Image und zum langfristigen Aus für den Dieselmotor geführt. Dabei ist das eine Technik, die mit dem richtigen Filtersystem und ehrlichem Verhalten auch für die Zukunft hätte Bestand haben können.

Moralische und soziale Verantwortung ist keine kurzfristige Angelegenheit. Sie muss konsequent als langfristiger Prozess gelebt werden. Mit der Job-Hopper-Mentalität einiger »Karriere-Manager« ist das nicht vereinbar.

Im Rezessionsjahr 2009 erlebten viele Unternehmen sehr herausfordernde Zeiten. Umsätze wie auch Gewinne brachen ein. Man konnte nicht absehen, wann die Rezession ein Ende findet. Bisweilen lagen die Nerven der Manager blank – das konnte auch zu Aktionen führen, die eine gute Unternehmenskultur ins Wanken brachten. In der Krise zeigt sich, wie wahrhaftig Manager die von ihnen gepriesene Unternehmenskultur wirklich leben. Und insbesondere in solchen Zeiten ist die Pflege der Unternehmenskultur besonders wichtig. Weil man gerade in der Krise gut motivierte Mitarbeiter braucht, die die Ärmel hochkrempeln und sagen: Jetzt erst recht.

Seit vielen Jahren leben wir diesen Wert bei Phoenix Contact. Durch die Personalentwicklung wurden die Mitarbeitenden darin permanent trainiert. Die Unternehmenskultur muss schließlich möglichst von allen getragen werden. Dafür, dass wir unser Unternehmen gerade in Krisenzeiten zum Marktführer seiner Branche entwickelt haben, war eine optimale ethische Führungskultur ausschlaggebend.

6.7 Unternehmenskultur muss von oben gelebt werden

Was macht der HR-Manager, wenn jemand vom Top-Management ein schlechtes Führungsverhalten an den Tag legt? Mitarbeitende erwarten, dass hier eingeschritten wird, denn die Treppe muss stets von oben gefegt werden. Ich sehe in solch einer Situation den HR-Manager als Fahnenträger für eine gute Führungskultur.

In meiner Zeit als Personalmanager bei Phoenix Contact trug sich folgendes zu.

Es gab einen hervorragenden, persönlichkeitsstarken Marketingmanager, der durch sehr innovative elektronische Produkte aus den Reihen der Manager herausstach. Aufgrund seiner exzellenten Arbeit wurde er von den geschäftsführenden Gesellschaftern schließlich zum Geschäftsführer ernannt. Danach kam bei ihm ein schleichender Wandel zustande. Er sprach sehr schlecht und beleidigend über Mitarbeitende und entwickelte einen autoritären Führungsstil. Die Mitarbeitende fühlten sich schlecht behandelt, hatten aber Angst, gegen dieses Verhalten zu opponieren. Er selbst »verkaufte« sich den geschäftsführenden Gesellschaftern sehr positiv, sodass diese daran glaubten, mit der Unternehmenskultur sei es bei ihm zum Besten gestellt.

Ich hörte als Personalchef viele Beschwerden, ob in der Kantine, in Werkhallen oder in meinem Büro. Selbst Führungskräfte hatten Angst, gegen ihn vorzugehen. Schließlich sprach ich ihn an, sein Führungsverhalten wieder in eine positive Richtung zu lenken. Jedoch ohne Erfolg. Ich sah eine große Gefahr, dass die gute Unternehmenskultur zerstört und dadurch der Unternehmenserfolg gefährdet werden könnte. Das sahen auch andere Manager und Mitarbeitende so, waren aber aus Angst nicht bereit, dagegen etwas zu unternehmen. Nach längerem Überlegen nahm ich all meinen Mut zusammen, um den geschäftsführenden Gesellschaftern das negative Verhalten des besagten Geschäftsführers im Detail zu beschreiben. Ich hatte wirklich viel Angst, meine Arbeit zu verlieren. Was ist, wenn die geschäftsführenden Gesellschafter eher ihm und nicht mir glauben? Ich hatte gerade ein neues Haus gekauft und mein altes noch nicht verkaufen können. Wenn man mir nicht glauben würde, dann würde der besagte Geschäftsführer mich sicherlich entlassen, was er bereits mit Mitarbeitenden, die anderer Meinung waren als er, getan hatte.

Ich hatte große Existenzangst und kann verstehen, wenn Mitarbeitende solch eine Konfrontation meiden. Aber ich hatte meine Vision, dass wir einer der besten Arbeitgeber sind. Daher habe ich akribisch eine Präsentation zusammengestellt, die ich den Inhabern vorgestellt habe. Nach dieser baten mich die Inhaber, außerhalb des Raumes zu warten, weil sie sich beraten wollten. Das waren die schwersten und unsichersten Minuten meines Berufslebens. Schließlich wurde ich hereingerufen. Die geschäftsführenden Inhaber teilten mir mit, dass meine Darstellung für sie überzeugend war und sie sich entschlossen haben, sich von dem Geschäftsführer zu trennen. Das geschah bereits nach zwei Tagen. Ich atmete erleichtert auf und war froh über die Entscheidung. Auch alle Kollegen waren mit diesem Ausgang zufrieden. Meine HR-Vision war dabei mein Nordstern, der mir Orientierung, Überzeugung und Mut gab. Schließlich konnten wir die Führungskultur wieder in eine positive Richtung entwickeln.

Mit diesem Erlebnis will ich alle ermutigen, sich gegen Führungskräfte zu wehren, die eine starke negative Auswirkung auf die Unternehmenskultur haben. Wenn man gegen mächtige, aber schlechte Manager vorgeht, darf man Angst haben, aber der Mut muss größer sein. Man muss klare Entscheidungen treffen und sie vor allem umsetzen. Daher gelten für mich als wichtige Führungseigenschaft die Resilienz und eine starke Vision, die auch in einer dunklen Zeit Licht und Orientierung gibt.

.

7 Kompetenzmodell für Mitarbeitende

Die Kompetenzen von Mitarbeitenden sind entscheidende Faktoren zum Erfolg ihrer Arbeit und des Unternehmens. Wie kann man erkennen, dass Bewerber über das Potential verfügen, um zu Mission, Vision und ethischen Werten des Unternehmens zu passen? Was benötigt man, damit Mitarbeitende und Führungskräfte wissen, was von ihnen erwartet wird? Ein Unternehmen muss dafür ein Kompetenzmodell für jeden Mitarbeitenden zu Verfügung stellen. Ziel ist, dass alle Betroffenen die passende Kompetenz entwickeln und einsetzen können, um das Unternehmen erfolgreich zu machen. Dieses Modell ist auch Basis für die davon abgeleiteten Führungsleitlinien, die im nächsten Kapitel beschrieben werden. Das Festlegen der relevanten Kompetenzen ist Aufgabe von Human Relations. Ich möchte ihnen das Modell von Phoenix Contact vorstellen, das bereits seit über einem Jahrzehnt existiert, aber durch die digitale Transformation novelliert worden ist. Die digitalen Kompetenzen wurden in die Basis-, Fach- und Methoden-, Business- und Führungskompetenzen integriert, da sie deren neuer Bestandteil sind (siehe Abbildung).

Ein Kompetenzmodell definiert, was die relevantesten Kompetenzen sind und worauf wir unsere persönliche Entwicklung konzentrieren sollten. Wir haben bei Phoenix Contact das Kompetenzmodell mit den großen internationalen HR-Bereichen gemeinsam entwickelt und weltweit umgesetzt. Selbstverständlich ist es von den Corporate Principles wie Mission, Vision und Werte abgeleitet worden. 2017 haben wir eine Ergänzung um digitale Kompetenzen vorgenommen, um eine Voraussetzung zu schaffen, damit wir gemeinsam die digitale Transformation erfolgreich umsetzen. Die digitalen Kompetenzen beschreiben das theoretische Wissen über digitale Technologien, Anwendungen und Werkzeuge sowie deren praktische Anwendung. Zu ihnen gehört auch die Fähigkeit, die Veränderungen in Gesellschaft und Arbeitswelt im Zuge der fortschreitenden Digitalisierung wahrzunehmen und zu akzeptieren. Damit Phoenix Contact digitale Chancen ergreifen kann, sind neben Interesse auch Offenheit und Veränderungsbereitschaft für die neuen Möglichkeiten unabdingbar.

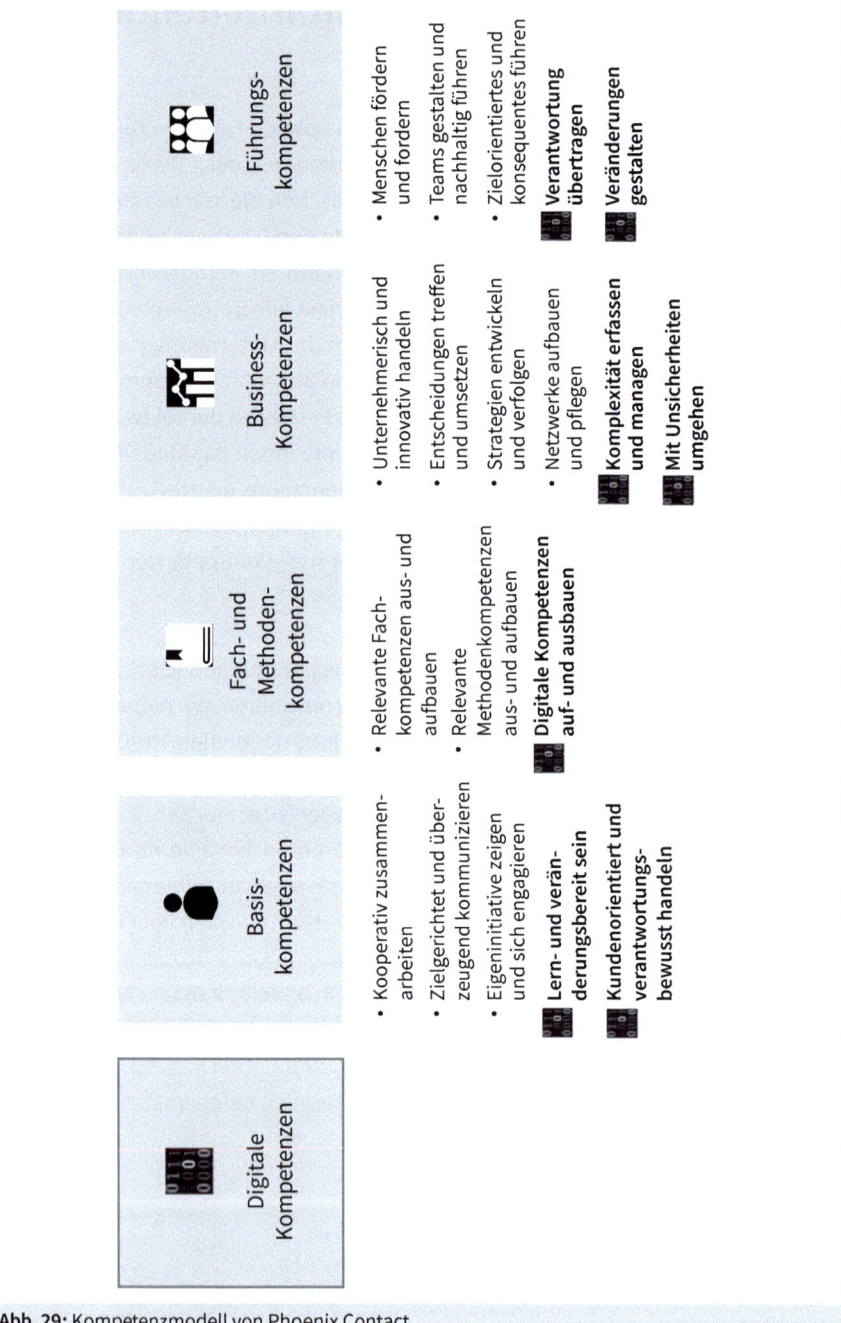

Digitale Kompetenzen

Basis-kompetenzen

- Kooperativ zusammenarbeiten
- Zielgerichtet und überzeugend kommunizieren
- Eigeninitiative zeigen und sich engagieren
- **Lern- und veränderungsbereit sein**
- **Kundenorientiert und verantwortungs-bewusst handeln**

Fach- und Methoden-kompetenzen

- Relevante Fachkompetenzen aus- und aufbauen
- Relevante Methodenkompetenzen aus- und aufbauen
- **Digitale Kompetenzen auf- und ausbauen**

Business-Kompetenzen

- Unternehmerisch und innovativ handeln
- Entscheidungen treffen und umsetzen
- Strategien entwickeln und verfolgen
- Netzwerke aufbauen und pflegen
- **Komplexität erfassen und managen**
- **Mit Unsicherheiten umgehen**

Führungs-kompetenzen

- Menschen fördern und fordern
- Teams gestalten und nachhaltig führen
- Zielorientiertes und konsequentes führen
- **Verantwortung übertragen**
- **Veränderungen gestalten**

Abb. 29: Kompetenzmodell von Phoenix Contact

Für Phoenix Contact haben wir fünf Kompetenzbereiche herausgearbeitet. Dazu gehören die Basis-, Fach- und Methoden-, Business- Führungs- und, neu hinzugefügt, die Digitalkompetenzen. Eine detaillierte Übersicht finden Sie im Anhang.

Umsetzung des Kompetenzmodells

Das Kompetenzmodell ist von der Geschäftsführung auf den internationalen Unternehmenstagungen allen weltweiten Managern vorgestellt worden, um zu unterstreichen, wie wichtig das Top-Management den Einsatz des Modells nimmt.

Abb. 30: Präsentation des Kompetenzmodells vor allen internationalen Executives

In kleineren Workshops wurde unter Moderation von Human Relations erarbeitet, wie das Kompetenzmodell von den Vorgesetzten ein- und umgesetzt werden kann. Darüber hinaus wurden dazu zahlreiche Trainings angeboten.

8 Leadership Principles heute

Um im Sinne der Unternehmenskultur optimal führen zu können, benötigen Führungskräfte konkrete Führungsleitlinien. Die Inhalte der Führungsleitsätze sind von der Mission, Vision und den Werten von Phoenix Contact sowie den Bedürfnissen der Mitarbeitenden abgeleitet worden, die sie über Jahre in den Befragungen am meisten genannt hatten. Die Leadership Principles definieren die zugrunde liegende Haltung und das Führungsverständnis. Eine detaillierte Übersicht zu den Führungsleitlinien finden Sie im Anhang.

Abb. 31: Führungsleitlinien bei Phoenix Contact

Führungsleitsätze zu formulieren und niederzuschreiben ist ein Leichtes, darin besteht aus meiner Sicht 5 Prozent des Aufwands. Die eigentliche Arbeit, 95 Prozent des Aufwands, macht die Umsetzung aus, um die Führungsleitsätze im Unternehmen mit Leben zu füllen.

Die Leadership Principles bzw. Leitlinien wurden in einem internationalen Team unter der Leitung von Human Relations entworfen. Zu dem speziell für diese Aufgabe zusammengestellten HR-Team gehörten auch Manager aus Bereichen wie Entwicklung, Produktion und Vertrieb. Zentraler inhaltlicher Ausgangspunkt waren die Ergebnisse der Mitarbeitendenbefragung durch Great Place to Work. Die genannten Bedürfnisse und Wünsche flossen in die Führungsleitlinien ein. Schließlich wurde der Entwurf der Geschäftsleitung vorgestellt und mit geringfügigen Veränderungen genehmigt. Als Mitglied der Geschäftsführung und Mitgestalter des Entwurfs der Leadership Principles konnte ich meine GF-Kollegen ständig auf dem Laufenden halten. Dadurch waren sie bereits früh involviert und vorbereitet, was deren Zustimmung schließlich beschleunigte.

Die Führungsleitlinien wurden in mehreren Diskussionsrunden auch mit dem Konzernbetriebsrat abgestimmt. Allen Beteiligten war von vornherein klar, dass, wenn ein Mitarbeitender mit den Führungsleitlinien und dem daraus resultierenden Verhalten seiner Führungskraft nicht einverstanden wäre, dieser zum Betriebsrat gehen und sich dort beschweren würde. Deshalb muss ein Betriebsrat rechtzeitig involviert werden und seine Zustimmung geben. Dadurch wird er der Kritik eines Mitarbeitenden nicht gleich nachgeben, sondern für die Führungsleitlinien eintreten.

Um die Leadership Principles in der Breite des Unternehmens bekannt zu machen, sind diese auf nationalen und internationalen Belegschaftsversammlungen vorgestellt worden. Als Geschäftsführer betonte ich, wie wichtig die Einhaltung der Führungsleitlinien ist, damit weltweit alle an einem Strang ziehen und wir damit das Unternehmen erfolgreicher machen und zugleich Freude an der Arbeit haben.

> Ich halte es für besonders wichtig, dass die Geschäftsführung die Leadership Principles persönlich präsentiert, um zu unterstreichen, dass sie dahintersteht.

Die Führungsleitlinien wurden wie in jedem Unternehmen intensiv trainiert. Wir qualifizierten innerhalb eines halben Jahres dreimal zwei Tage. Die allgemeine Managementliteratur liefert zahlreiche Handreichungen für erfolgreiche Führungskräfte-Trainings. Für weitere Hinweise vgl. auch »Der Weg zum attraktiven Arbeitgeber«[32].

---

32   Olesch, G. 2016 a.

Abb. 32: Präsentation der Corporate Principles, hier am chinesischen Standort

Zur Einführung der Leadership Principles hat die Geschäftsführung diese in ganz-
tätigen Workshops vermittelt. Unter Moderation der Personalentwicklung wurden
die Inhalte der Führungsleitlinien in Gruppenarbeiten vertieft. Dadurch, dass die
Geschäftsleitung selbst als Trainer zu Verfügung stand, wurde Glaubwürdigkeit und
Authentizität vermittelt. Alle Fach- und Führungskräfte waren Teilnehmer der zahlreichen Workshops und konnten so auch mit der Geschäftsleitung zu den Inhalten
der Führungsleitlinien in den Dialog gehen. Für mich war dieser Austausch sehr wichtig, weil ich der anfänglichen Unsicherheit der Führungskräfte sofort begegnen und
sie beseitigen konnte. Dieser Aufwand lohnte sich wegen der vermittelten Authentizität überaus.

Weitere Workshops zum Thema Führungsleitlinien folgten. Darin wurden die Inhalte kognitiv trainiert und anschließend in Rollenspielen umgesetzt. Weiterhin wurde das Mitarbeitergespräch als Führungsinstrument geschult. Andere Aspekte des
Entwicklungsprogramms für Vorgesetzte bestanden aus Workshops in Präsenz oder
online: Kostenrechnung, Zeit- und Selbstmanagement, Repräsentationstraining,
Rhetorik, Gesprächsführung, Präsentationstechnik, Grundlagen des Arbeitsrechts,
Tarifvertragsrecht und aktuelle Personalfragen. Es wurden auch die Inhalte vermittelt, die aus der Mitarbeitendenbefragung abgeleitet worden sind.

9 Laufbahnen

9.1 Entwicklung von High Potentials

Setzt man die falsche Person, gleich ob Führungs- oder Fachkraft, auf den falschen Platz, kann es teure Folgekosten für die Korrektur der Fehlentscheidung nach sich ziehen und im Umfeld der Person zu starken emotionalen Dissonanzen führen.[33] Um das zu verhindern, sind dezidierte Auswahlprogramme wichtig. Anhand des Kompetenzmodells und der Führungsleitlinien konnten wir bei Phoenix Contact ganz gezielt High Potentials ausfindig machen und entwickeln. Die Potentialentwicklung bedeutet die systematische Begleitung und Unterstützung von Mitarbeitenden mit hohem Potential bei der Weiterentwicklung ihrer Kompetenzen zur Übernahme anspruchsvollerer Aufgaben im Unternehmen. Dabei geht es um den Aufstieg in die Führungs- bzw. Fachlaufbahn.

Die Potentialentwicklung sorgt dafür, dass die Mitarbeitenden, wenn sie neue Positionen übernehmen, möglichst alle dafür erforderlichen Kompetenzen besitzen. Dazu gehört auch ein hohes Maß an Selbstverantwortung und Eigeninitiative, diese Eigenschaften werden im Entwicklungsprozess bei den Mitarbeitenden besonders gefördert. Deshalb werden mit ihnen Vereinbarungen getroffen, die dafür sorgen, dass sie die Verantwortung für ihre eigene Entwicklung selbst übernehmen: Nicht nur das Unternehmen entwickelt die Mitarbeitenden, sondern sie entwickeln sich auch selbst. Die professionelle Personalentwicklung begleitet diesen Prozess. Sie berät, unterstützt, bietet Instrumente und Verfahren an. Sie ist dabei gleichermaßen Ansprechpartner für die Führungskräfte wie für die Mitarbeitenden. Beide sind in diesem Prozess gleichberechtigte Kunden der Personalentwicklung.

---

33   Riedel, T. 2017.

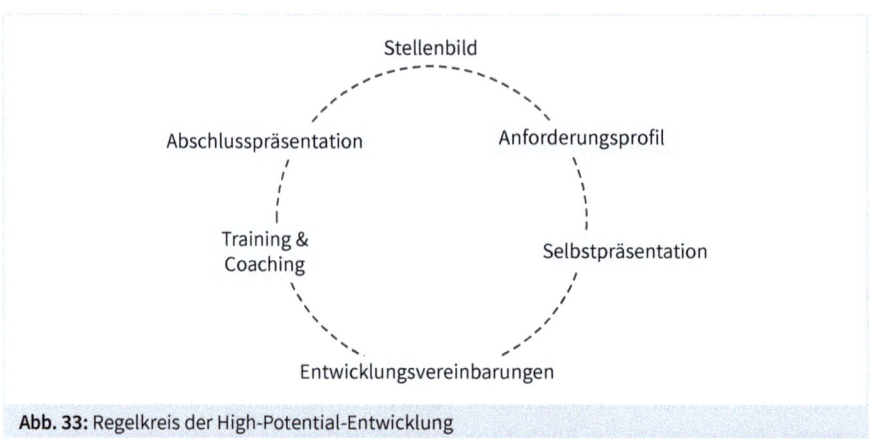

Abb. 33: Regelkreis der High-Potential-Entwicklung

Potentialentwicklung bereitet auf die Übernahme von neuen Positionen vor. Das bedeutet: Die Mitarbeitenden, die eine neue Position übernehmen sollen, müssen sich
intensiv mit der neuen Ziel- bzw. Aufgabenstellung und mit den Anforderungen, die
diese an sie stellen, auseinandersetzen. Das Anforderungsprofil ist dabei das Pen-
dant zum Kompetenzprofil des Mitarbeitenden. Es gibt an, in welchem Ausmaß die
einzelnen Kompetenzen für die erfolgreiche Besetzung einer Position erforderlich
sind. Die sechs Assessmentstufen ermöglichen einen sinnvollen Abgleich von Anforderungen der Stelle mit den Kompetenzen des Mitarbeitenden:

	Anforderung	Kompetenz
Stufe 6	Die Stelle erfordert einen Mitarbeiter, der auf diesem Gebiet zu den besten über-haupt zählt.	Die Kompetenz findet sich in dieser Aus-prägung nur bei ganz wenigen Personen überhaupt.
Stufe 5	Die Stelle erfordert eine weit überdurch-schnittliche Ausprägung der Kompetenz.	Die Ausprägung dieser Kompetenz liegt weit über dem Durchschnitt.
Stufe 4	Die Stelle erfordert eine hohe Auspra-gung der Kompetenz.	Die Kompetenz tritt in der praktischen Anwendung deutlich hervor.
Stufe 3	Die Stelle erfordert diese Kompetenz von Anfang an.	Die Kompetenz ist in der praktischen An-wendung erkennbar.
Stufe 2	Die Kompetenz sollte nach kurzer Ein-arbeitung vorhanden sein.	Die Kompetenz ist erkennbar, die prakti-schen Anwendung fehlt noch.
Stufe 1	Die Kompetenz ist nicht unmittelbar er-forderlich aber nützlich	Die Kompetenz lässt sich mit wenig Auf-wand in absehbarer Zeit entwickeln.

Der Prozess der Potentialentwicklung wird eingeleitet, wenn entschieden ist, dass der betreffende Mitarbeitende die Position übernehmen soll. Dieser Entscheidung liegt eine Potentialbeurteilung zugrunde. Wenn entschieden ist, dass ein Mitarbeitender sich für die Übernahme einer definierten Position entwickeln soll, übernimmt er ab dem Moment dieser Entscheidung die Verantwortung für den Entwicklungsprozess. Er setzt sich intensiv mit der Stelle und ihren Anforderungen sowie mit den eigenen Kompetenzen auseinander. Sein Ziel ist es, die eigenen Kompetenzen so auszubauen, dass er andere und seine Führungskraft von der eigenen Eignung für die Position überzeugen kann.

Die Entwicklung der Kompetenzen wird durch die Bearbeitung konkreter Aufgaben angeregt. Der Nachweis der erbrachten Ergebnisse belegt die erfolgreich entwickelten Kompetenzen. Im Mittelpunkt der Entwicklungsvereinbarung stehen Entwicklungsaufgaben. Dabei handelt es sich um Arbeitsaufträge, die ein konkretes, unternehmerisch sinnvolles Ziel verfolgen. Es werden keine künstlichen Übungen, sondern echte Projektaufgaben genutzt, die später im Arbeitsalltag angewendet werden. Das damit verbundene Signal an die Mitarbeitenden besagt: Konkrete sinnvolle Leistung am Arbeitsplatz ist der entscheidende Faktor, der über das berufliche Weiterkommen entscheidet. Dadurch werden Eigeninitiative und Selbstverantwortung gefördert.

Entwicklungsvereinbarungen werden zwischen dem Mitarbeitenden und der Führungskraft, in deren Verantwortungsbereich die betreffende Position liegt, getroffen. Die Entwicklungsvereinbarung besagt, welche Kompetenzen entwickelt werden sollen und welche Entwicklungsaufgaben in welcher Zeit mit welchem Ergebnis zu erreichen sind, um die Kompetenzen zu belegen. Darüber hinaus können konkrete Unterstützungsmaßnahmen in Form von Trainings und Coachings vereinbart werden, die den Mitarbeitenden bei der Bewältigung der Aufgaben unterstützen.

Entwicklungsvereinbarungen sind:
- Welche Kompetenzen werden entwickelt?
- Welche Entwicklungsaufgaben werden bearbeitet?
- Welche konkreten Ergebnisse werden verabredet?
- Wann werden die Ergebnisse überprüft?
- Welche Unterstützung wird bereitgestellt?

Der Mitarbeitende stellt sein Projektergebnis schließlich in einer Präsentation vor. Bei solch einer Präsentation beweist er im Rahmen seiner Potentialentwicklung, dass er bereit und in der Lage ist, die eigene Entwicklung in die Hand zu nehmen. Er zeigt, dass er ein realistisches Bild der eigenen Stärken und Schwächen hat und demonstriert dies, indem er einen praktikablen Vorschlag für die Entwicklung der Kompetenzen vorlegt, die bei ihm schwächer ausgeprägt sind, als es das Anforderungsprofil verlangt. Der Mitarbeitende präsentiert sich der Führungskraft, in deren Zuständigkeit die Position liegt. Als weitere Beurteiler sind Mitarbeitende des HR-Managements anwesend.

Der High Potential präsentiert ein Bild seiner Qualifikation, indem er zu allen benötigten Kompetenzen eine Einschätzung seiner Ausprägung abgibt und belegt. Zum Beleg zieht er die konkreten Leistungen und Ergebnisse des Projektes heran, die er bisher erbracht hat und die die benötigten Kompetenzen bestätigen.

Die Beurteiler überprüfen durch Nachfragen und Hinterfragen die Einschätzungen und deren Einbettung in die Führungsleitlinien und Corporate Principles des Unternehmens. Sofern die Präsentation schlüssig und nachvollziehbar ist, werden die Einschätzungen übernommen. Kann sie nicht überzeugen, wird sie im Dialog so lange verändert, bis ein Konsens vorliegt. Der zweite Teil der Präsentation besteht aus einem Vorschlag, wie bestehende Defizite beseitigt werden können. Hier geht es primär darum, Entwicklungsaufgaben zu übernehmen, die die Gelegenheit bieten, Kompetenzen on the job zu erwerben und die entsprechenden Leistungen unter Beweis zu stellen.

Unterstützungsmaßnahmen in Form von Trainings, Seminaren oder Coachings stehen nicht im Vordergrund. Sie kommen nur dann zum Zuge, wenn der Erwerb der entsprechenden Kenntnisse und Fertigkeiten in der praktischen Aufgabe durch sie erleichtert wird. Sie ergänzen den Entwicklungsvorschlag, sind aber nicht dessen Hauptbestandteil. Auch im zweiten Teil verschaffen sich die Beurteiler durch gezieltes Nachfragen einen Eindruck über die Plausibilität des Präsentierten. Falls die Vorschläge nicht vollständig überzeugen, werden sie im Dialog angepasst.

Nach der Bearbeitung der Entwicklungsaufgaben werden die Ergebnisse überprüft. Auch dies geschieht in Form einer Abschlusspräsentation. Darin hat der Mitarbeitende wiederum die gleichen Personen, mit denen er die Entwicklungsvereinbarung geschlossen hatte, davon zu überzeugen, dass er seine Aufträge erfolgreich bewältigt hat und dass diese in die Corporate Principles und Führungsleitlinien des Unternehmens eingebettet sind.

Mit der erfolgreichen Bewältigung der Aufgaben ist der Erwerb der angestrebten Kompetenzen nachgewiesen. Auch jetzt werden die Ausführungen durch gezieltes Hinterfragen auf Plausibilität überprüft. Die Selbstpräsentation ist für den Mitarbeitenden dann erfolgreich, wenn er die Führungskraft und das HR-Management von dem Erfolg seines Projektes überzeugt. Stimmen die Beurteiler mit den Ergebnissen überein, kann die Übernahme der angestrebten Position erfolgen. Zeigen die Leistungen im Rahmen der Entwicklungsaufgaben nicht die erwünschten Ergebnisse und ist somit der Erwerb der Kompetenzen fraglich, kann eine neue Entwicklungsvereinbarung getroffen werden.

Der Umstand, dass den Mitarbeitenden im Rahmen ihrer Potentialentwicklung eine große Eigenverantwortung überlassen wird, bedeutet nicht, dass sie mit der Aufgabe alleingelassen werden. Für viele Mitarbeitende stellt die intensive Auseinandersetzung mit sich selbst, den eigenen Stärken und Schwächen eine neue oder zumindest eine ungewohnte Herausforderung dar. Hier wird vonseiten der Personalentwicklung ein Bündel von Dienstleistungen angeboten, die Unterstützung geben und den Prozess der Entwicklung begleiten.

Die Mitarbeitenden können auf Angebote der Personalentwicklung zurückgreifen, wenn sie dies möchten. Ob sie das tun, liegt allerdings in ihrer Verantwortung.

Coaching ist ein Angebot an die Kandidaten, individuell und professionell von einem Mitarbeitenden von Human Relations oder einem externen Berater in seiner Entwicklung unterstützt zu werden. Im Rahmen des Coachings können persönliche Probleme des Mitarbeitenden angesprochen und behandelt werden, die sich im Rahmen der Arbeit und in der Auseinandersetzung mit dem sozialen Umfeld ergeben. Im Coaching geht es vorrangig um die Entwicklung der sozialen und persönlichen Kompetenzen. Gerade dieses Vorgehen erzeugt eine hohe Motivation und Identifikation der Kandidaten.

Eine zentrale Voraussetzung für erfolgreiches Coaching ist die Vertraulichkeit, die zwischen dem Mitarbeitenden und seinem Coach besteht. Sie bewirkt, dass wirklich alle Themen auch ausgesprochen werden können, ohne dass der Kandidat befürchten muss, dass jemand davon erfährt. Im Rahmen der Potentialentwicklung hat der Coach oft die Rolle des persönlichen Begleiters des High Potentials. Er gibt ihm Feedback zum eigenen Verhalten im Entwicklungsprozess, Hinweise für die Gestaltung der eigenen Entwicklung oder regt den Mitarbeitenden durch gezieltes Fragen zur eigenen Reflexion und Problemlösung an.

Durch die umfassende Personalentwicklung bei Phoenix Contact wurden Motivationen bei High Potentials freigesetzt, die ein hohes Leistungsvermögen erzeugten. Ebenfalls wurde die Identifikation dieser Mitarbeitenden mit dem Unternehmen gefördert, was zu einer unterdurchschnittlichen Fluktuationsrate führte.[34]

9.2   Stellvertretende Führungskraft

Wir haben bei Phoenix Contact Positionen und Personalentwicklungsprogramme für Führungskräfte, Fachexperten und Projektleiter geschaffen. Mitarbeitende, die das Potential für eine Führungsposition aufweisen, werden zumeist als stellvertretende Führungskraft eingesetzt. Sie arbeiten und trainieren on the job und können sich in dieser Zeit bewähren. Sobald eine passende Führungsposition vakant wird, kann diese von ihnen übernommen werden. Stellen für stellvertretende Führungskräfte sollten systematisch geschaffen werden, um sicherzustellen, dass die Führungsaufgabe früh und kontinuierlich wahrgenommen wird. Dies ist in der Regel z. B. bei Bereichs- und Abteilungsleitungen notwendig. Die Führungskraft einer Einheit arbeitet mit ihrem Stellvertreter als Führungsteam zusammen. Je nach Zielen, Aufgaben, Organisation und Ablaufgestaltung der Einheit können sie eine Aufgabenteilung in der Führung vereinbaren. Der Leiter vertritt vorrangig die Einheit nach außen, während sein Stellvertreter für die »innere Führung« der Einheit zuständig ist. Der Stellvertreter hat damit früh Führungsverantwortung inne.

Der Stellvertreter vertritt den Leiter einer Einheit in dessen Abwesenheit. Er trägt dessen Verantwortung und erhält die dazu erforderlichen Kompetenzen und Vollmachten – mit Ausnahme von Handlungsvollmacht und Prokura. Führungskraft und Stellvertreter stellen durch Absprachen und Vereinbarungen sicher, dass die Kontinuität der Führung gewahrt wird.

---

34   Vgl. Olesch, G. 2013 b.

9.3   Laufbahnalternativen

Im Folgenden wird ein Entwicklungskonzept von Phoenix Contact mit dem Schwerpunkt Fach- und Projektlaufbahn sowie Führungskraft beschrieben.

Wollte früher ein Mitarbeitender, der als High Potential angesehen wurde, beruflich aufsteigen, kam nur die Führungslaufbahn in Frage. Um ihn zu halten, ließ man ihn Manager werden. Einige sind dabei gescheitert, da sie nun Anforderungen als Führungskraft erfüllen mussten, für die sie sich nicht geeignet fühlten. Wenn jemand ein exzellenter Spezialist auf seinem Gebiet ist, heißt es noch lange nicht, dass er oder sie eine gute Führungskraft wird, da weitere Kompetenzen gebraucht werden, die als Experte nicht benötigt waren.

Um diesen High Potentials eine Entwicklungskarriere anzubieten, tendieren nach wie vor viele Unternehmen dazu, diese nach gewisser Einarbeitungszeit als Führungskräfte einzusetzen. Mit der Funktion einer Führungskraft sind Image, Vollmacht und finanzieller Aufstieg verbunden. Ein High Potential hat sich in der Regel zu Beginn seiner Karriere primär als Fachexperte bewährt. Daraus resultiert nicht automatisch, dass er auch eine gute Führungskraft wird. Oftmals wird eine Ernennung von Fachexperten zu Führungskräften praktiziert, ohne dass differenzierte Entwicklungsschritte mit klaren Zielen und Erwartungen definiert werden. Da von der Führungskraft Sozial- und Führungskompetenzen verlangt werden, über die der High Potential nicht selbstverständlich verfügt, kann es passieren, dass aus ihm eine frustrierte und erfolglose Führungskraft wird und das »Peter Prinzip« – »befördert bis zur Unfähigkeit« greift.[35]

Laufbahn als Fachexperte/Projektmanager	Laufbahn als Führungskraft
gleiches Image	gleiches Image
gleiches Gehalt	gleiches Gehalt
Fach-/Projektverantwortung	Führungsverantwortung
Konzentration auf Fachwissen	Konzentration auf generalistisches Wissen

---

35   Peter, L.J./ Hull, R. 2001.

Existieren im Unternehmen nicht genügend Karrieremöglichkeiten für Führungsaufgaben, erhöht sich die Fluktuation der High Potentials, die als Fachexperten wichtig für das Unternehmen sind. Daher ist es notwendig, auch besondere Expertenlaufbahnen für High Potentials zu generieren. Wir haben bei Phoenix Contact Laufbahnen für Fachexperten und Projektmanager entwickelt, die über das gleiche Image und monetäre Rahmenbedingungen wie Führungskräfte verfügen (siehe obige Gegenüberstellung).

9.4 Fachexperte und Projektleiter

Der Fachexperte ist dauerhaft für ein Thema verantwortlich, während der Projektmanager temporär Themen national und weltweit bearbeitet. Der Begriff des Fachexperten und Projektmanagers ist bei Phoenix Contact wie folgt definiert worden:
- Ein Fachleiter und Projektmanager ist ein hochkarätiger Experte mit herausragendem Fachwissen.
- Er setzt sein Wissen auf strategisch wichtigen Feldern des Unternehmens ein.
- Er verfügt auf seinem Gebiet über Richtlinienkompetenz
- Dabei ist er verantwortlich für den Wissenstransfer innerhalb und außerhalb des Unternehmens.
- In der Regel hat der Fachexperte oder Projektmanager keine Personalverantwortung.

Der Nutzen für ein Unternehmen, Laufbahnen zum Fachleiter oder Projektleiter zu entwickeln, ist vielfältig:
- Mitarbeiterbindung statt Fluktuation oder innerer Kündigung
- Größere Attraktivität des Unternehmens für kompetente Experten
- Entwicklung und optimale Nutzung von Experten-Wissen
- Klare Perspektiven für engagierte Mitarbeiter
- Höhere Performance durch Identifikation
- Vermeiden von Fehlbesetzungen

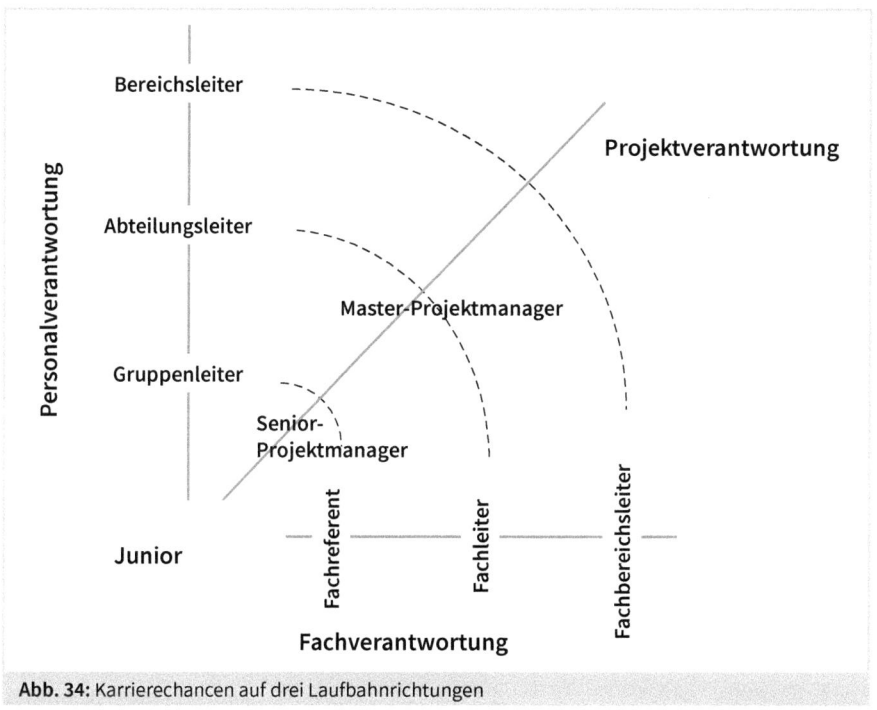

Abb. 34: Karrierechancen auf drei Laufbahnrichtungen

Der Fach- oder Projektverantwortliche ist mit der eigenständigen fachlichen Bearbeitung eines Spektrums von Themen betraut, die für das Gesamtunternehmen von zentraler strategischer Bedeutung sind. Er ist dafür verantwortlich, dass Lösungen, Produkte oder Dienstleistungen aus seinem Themenspektrum im gesamten Unternehmen auf dem weit überdurchschnittlichen Niveau liegen. Er erstellt strategisch wichtige Richtlinien und Vorgehensweisen, implementiert diese und achtet auf ihre unternehmensweite Einhaltung. Dabei entwickelt er das Know-how in seinen Themenfeldern kontinuierlich weiter und sorgt dafür, dass es allen Mitarbeitenden, die es für ihre Tätigkeit benötigen, zur Verfügung steht. Ich habe viele Fach- oder Projektverantwortliche erlebt, die sehr zufrieden mit ihrer Tätigkeit waren, was sie als Führungskraft nicht gewesen wären.

10 Digitalisierung – die Zukunftschance

10.1 Ängste vor der Digitalisierung

Die Digitalisierung ist aus meiner Sicht eine Vision und kein klares, fass- und messbares Ziel. Anders als vorherige sprunghafte Entwicklungen – bezeichnet als erste bis dritte industrielle Revolution – stellt die Digitalisierung eine industrielle Evolution dar. Denn Revolutionen haben in der Geschichte der Menschheit zumeist viel Leid erzeugt; zieht man diesen Vergleich in der Wirtschaft, so verstärkt das vor allem den Widerstand der Mitarbeitenden gegen diese unklare Zukunft. Leider erscheinen viele Negativschlagzeilen zum Thema Digitalisierung und Industrie 4.0.

Abb. 35: Schlagzeilen zum Abbau von Arbeitsplätzen

Sogenannte Fachleute äußern in Medien und Fernsehtalkshows, dass es durch Digitalisierung zum Teil menschenleere Hallen geben wird. So äußerte sich auch David Precht: Er behauptet, dass durch die Digitalisierung 60 Prozent der Arbeitsplätze wegfallen können.[36] Wenn bekannte Persönlichkeit so etwas in Veröffentlichungen

---

36   Precht, D. 2018.

oder im Fernsehen von sich geben, entsteht bei den Mitarbeitenden verständlicherweise Angst.

Abb. 36: Richard David Precht veröffentlicht Thesen zu massivem Arbeitsplatzabbau durch Digitalisierung.

Ich halte nichts davon, den Menschen Angst vor neuen Technologien zu vermitteln.
Ist es wirklich so, dass neue Technologien menschliche Arbeitskräfte verdrängen?
Blicken wir in die Geschichte. Am 1. Oktober 1908 kam Model T von Henry Ford, im
Volksmund Tin Lizzy genannt, auf den Markt. Damals wehrten sich die Kutscher gegen
diese Technologie, weil sie glaubten, ihre Jobs zu verlieren. Aber sie verloren nicht
ihre Jobs. Sie wurden mit der Driving Licence qualifiziert und wurden Taxi- und Lkw-
Fahrer. Es gab hierfür mehr Arbeitsplätze, als es je Kutscher gegeben hatte. Statt einen
Stall auszumisten und ein Pferd zu striegeln, lernten sie, eine Reifenpanne zu beheben
und Motoröl nachzufüllen. Durch das Automobil wurden sehr viele Arbeitsplätze weltweit geschaffen. Wie gesagt, ich halte nichts davon, Angst vor neuen Technologien
zu schüren. Auf dem Kongress der Hannover Messe 2019 haben Richard David Precht
und ich unsere unterschiedlichen Standpunkte vertreten. Auf dem folgenden Bild erkennen sie unsere unterschiedlichen Meinungen bereits an unseren Blickrichtungen.

Abb. 37: Unterschiedliche Meinungen zeigen sich in den unterschiedlichen Blickrichtungen.

1983 wurde die Halle 54 bei VW eröffnet, damit verbunden war die Einführung der ersten Montageroboter. Damals erwarteten Skeptiker in Deutschland einen großen Arbeitsplatzverlust. Wie sieht nun die Gegenwart aus? Gegenüber 1983 hat VW heute sogar 300 Prozent mehr Personal.[37] Neue Technologien schaffen neue Perspektiven, und die schaffen neue Arbeitsplätze. Wir sollten mehr die Chancen von Entwicklungen wahrnehmen, anstatt allein vor Risiken zurückzuscheuen.

Im englischen gibt es den mittlerweile stehenden Begriff der German Angst. Ja, wir sind aus meiner Sicht bei neuen Ideen zu ängstlich. Einst wurde die Magnetschwebebahn in Deutschland entwickelt, die quasi als grüne Technologie bezeichnet werden kann, da sie keinen CO_2-Ausstoß hat und geräuscharm fährt. Eine Fahrstrecke von Hamburg nach München sollte gebaut werden, für die man etwas mehr als eine Stunde benötigt hätte. Die Technologie war auch sehr effizient. Leider wehrten sich viele Bürger und Politiker dagegen, sodass die Trasse nicht gebaut werden konnte. In Deutschland wurde das Projekt eingestellt, aber seit vielen Jahren fährt die Magnetschwebebahn in Shanghai. Aus ihrer Technologie haben andere Länder weitere Entwicklungen abgeleitet – Deutschland leider nicht.

---

37   HN7+Chronik_d_k.pdf (volkswagenag.com).

Eine weitere verpasste Chance ist der MP3-Player. Er wurde vom Fraunhofer-Institut in Deutschland entwickelt. Kein deutsches Unternehmen wollte diese damals neue Technologie produzieren und vermarkten. Die Amerikaner hatten schließlich das Patent gekauft und zum weltweiten Standard entwickelt.

Wir sollten wieder kreativer werden und positiver auf neue Technologien zugehen.

Im neunzehnten und beginnenden zwanzigsten Jahrhundert kamen die meisten Erfinder aus Deutschland. Die Namen sind nach wie vor weltweit bekannt: Carl Benz, Robert Bosch, Gottlieb Daimler, Rudolf Diesel, Joseph von Fraunhofer, Alexander von Humboldt, Alfred Krupp, Georg Simon Ohm, Fritz von Opel, Nikolaus August Otto, Max Planck, Wilhelm Conrad Röntgen, Werner von Siemens, Felix Wankel, Ferdinand Graf von Zeppelin und Konrad Zuse, der Erfinder des ersten Computers.

Verbinden wir diese früher in Deutschland verbreitete Begeisterung für die Entwicklung neuer Technologien mit dem bereits zitierten Ausspruch von Antoine de Saint-Exupéry über die »Sehnsucht nach dem großen, weiten Meer«. Dann können wir das in den folgenden Satz zusammenführen:

Wenn du die Zukunft gestalten willst, dann rufe nicht die Menschen zusammen, um ihnen zu sagen, was sie tun sollen, sondern lehre sie die Neugier für die Zukunft.

Wir sollten wieder mehr Zuversicht entwickeln, um neue Wege zu beschreiten und anspruchsvolle Ziele zu erreichen. Christoph Columbus verließ die Santa Maria, um ein fremdes Land zu betreten. Er kannte nicht die Risiken und Gefahren durch wilde Tiere, feindliche Menschen und gefährliche Krankheiten. Er hat es trotzdem gemacht, vom Verlangen angetrieben, neue Welten kennenzulernen. Neil Armstrong betrat 1969 als erster Mensch den Mond, ohne alle Risiken von vornherein zu kennen, denn es gab noch keine Erfahrungen, ob ein Mensch wieder zu Erde zurückkommt. Er trat die Reise dennoch an. Von ihm stammt der Satz: »Ein kleiner Schritt für einen Menschen, ein großer Schritt für die Menschheit.« Ich finde, wir sollten mehr von diesem Spirit und Mut beseelt sein.

Die Digitalisierung ist kein klar messbares Ziel. Sie ist vielmehr ein Weg, der zu beschreiten ist, dessen Ende nicht absehbar ist.[38] Vielen Managern ist selbst nicht klar,

38   Vgl. Kaufmann, T., 2015.

wo ihr Unternehmen bei der Digitalisierung in Zukunft sein wird. Sie formulieren auch keine Vision dafür und informieren so auch ihre Mitarbeitenden nicht genügend über ihre Digitalisierungsabsichten.

Weil man nicht nicht kommunizieren kann, entstehen bei solch mangelnder Initiative Gerüchte in der Belegschaft.[39] Und Gerüchte sind selten positiver Natur. Negative Gerüchte verhindern, dass die Mitarbeitenden bei der digitalen Transformation voranschreiten. Das Management, das ca. sechs Prozent der Belegschaften ausmacht, kann die anderen 94 Prozent nicht in die Zukunft tragen. Auch diese Mehrheit muss den Weg selbst gehen. Wenn das Ziel nicht messbar zu definieren ist, muss das Management über jeden Schritt in die Zukunft informieren und die Mitarbeitenden an seinem Wissen partizipieren lassen.[40]

Es ist die Aufgabe des Top-Managements, die Mitarbeitenden für die Zukunft und die Digitalisierung zu begeistern.

10.2   Chancen der Digitalisierung

Die Digitalisierung verändert die Welt. Die gesamte Produktionslogik wandelt sich. Intelligente Maschinen und Produkte, Lagersysteme und Betriebsmittel werden konsequent mittels digitaler Systeme verzahnt – entlang der gesamten Wertschöpfungskette, vom Auftragseingang über Produktion und Logistik bis zum Service.[41]

Ein Bauteil im Auto ist künftig so ausgestattet, dass es kontinuierlich Daten über seinen Zustand sammelt und mitteilen kann, wenn ein Austausch nötig wird – und das, bevor es zum Ausfall kommt. Das Produkt sendet selbstständig eine Mitteilung an den Hersteller, dass Ersatz gefertigt werden muss. Die Bestellung enthält neben genauen Angaben zum Fahrzeugtyp auch die Information, wohin das Bauteil anschließend versandt werden muss. In der Fabrik wird der Auftrag bearbeitet, die Maschinen konfigurieren sich selbst so, dass das passende Teil gefertigt wird und

---

39   Vgl. Watzlawik, D., 2011.
40   Vgl. Olesch, G., 2017.
41   Vgl. Manzei, C./Schleupner, L., 2015.

schicken es schließlich auf die Reise an den richtigen Zielort. Der Termin in der Werkstatt ist dann bereits vereinbart – auch darum hat sich das Auto gekümmert.[42]

Die Digitalisierung stellt völlig neue Anforderungen an Produktions-systeme und Maschinen. Sie müssen anpassungsfähig sein, da die zu fertigenden Produkte ständig wechseln können. Im Ergebnis heißt das: Die Produktion wird individueller, flexibler und schneller. Diese Evolution bietet damit das Potential, aktuelle wirtschaftliche und gesellschaftliche Herausforderungen zu meistern.

Im Zuge dieses vierten, nun evolutionären industriellen Entwicklungsschubs bieten sich zahlreiche Anknüpfungspunkte für neue Geschäftsmodelle. Intelligente Objekte sammeln vielfältige Daten, auf Basis derer sich innovative Services und Angebote entwickeln lassen. Gerade Start-ups sowie kleine und mittlere Unternehmen mit Ideen können von Big Data, das heißt von riesigen Speicher- und Analysemöglichkeiten profitieren und sich mit Business-to-Business-Dienstleistungen am Markt etablieren.

Die intelligenten Assistenzsysteme der Produktionsanlagen eröffnen Beschäftigten neue Spielräume. Sie bieten das Potential, in Zeiten des demografischen Wandels ältere Menschen länger in das Berufsleben einzubinden, indem Abläufe genau auf die Möglichkeiten der Belegschaft abgestimmt werden. Zugleich lässt sich Arbeit damit künftig auch in der Industrie flexibler gestalten. Davon profitieren Beschäftigte, die Beruf und Familie besser in Einklang bringen können. Die HR-Manager sind hier gefragt, Arbeitsorganisationen auf die neuen Ansprüche auszurichten und New-Work-Systeme zu entwickeln. Weiterhin muss ein erheblicher Qualifikationsaufwand erbracht werden, um die Mitarbeitenden fit für die Komplexität der Digitalisierung zu machen. Es müssen neue Bildungsmethoden gestaltet werden, um den technologischen Anforderungen entsprechen zu können. Last, but not least müssen die Bereitschaft und die positiven Einstellungen der Mitarbeitenden entwickelt werden, damit sie motiviert an die neuen Themen herangehen. Dabei wird der Aufwand bei Generation X höher als bei den Digital Natives sein.

Zusammengefasst werden flexiblere, vernetzte und digitalisierte Strukturen bestehen, die mehr IT-Kenntnisse der Mitarbeitenden erfordern. Weiterhin wird sich

---

42   www.plattform-i40.de.

der Aktionsradius verändern und der technologische Standard anspruchsvoller werden, was wiederum ein breiteres, generalistisches Wissen erforderlich macht. Neue Medien wie E-Learning müssen in Ausbildung und Qualifizierung stärker eingebunden werden. Es entstehen neue Formen der digitalen und menschlichen Zusammenarbeit.

Eine enorme Beschleunigung der digitalen Kommunikation hat die Corona-Krise ergeben. Man war gezwungen, das agile und mobile Arbeiten und Homeoffice zu nutzen. Das geschah in nur knapp drei Monaten. Ohne Corona hätten wir vielleicht fünf Jahre für den gleichen Entwicklungsschritt benötigt. Diese schnelle Krisenbewältigung ist durch die Digitalisierung ermöglicht worden.

Video: Mitarbeitende für die Digitalisierung begeistern

10.3   Die digitale Transformation erfolgreich gestalten

Auch bei Phoenix Contact gab es zu Beginn der digitalen Transformation Unsicherheiten. Die Digitalisierung ist wie erwähnt kein messbares und eindeutiges Ziel und verunsichert daher viele Mitarbeitende. Verunsicherte Mitarbeitende sind zurückhaltend oder haben Angst vor einer ungewissen Zukunft. Daher ist es für ein Unternehmen und das Management wichtig, Mitarbeitende für die Digitalisierung zu motivieren, ja sogar zu begeistern.

Aus meiner Überzeugung gehören folgende Voraussetzungen zu einer erfolgreichen digitalen Transformation. Bei den Mitarbeitenden muss eine digitale Kultur und positive Einstellung geschaffen werden. Weiterhin muss ein Unternehmen digitale Kompetenz durch adäquate Qualifizierung aller Mitarbeitenden aufbauen. Schließlich benötigen Vorgesetzte ein neues Führungsverständnis.

1	Digitale Kultur	• Die digitale Kultur beschreibt die Einstellung der Mitarbeitenden zum Thema Digitalisierung
2	Digitale Kompetenz	• Kenntnis der Mitarbeitenden über neue Technologien und die Fähigkeit, mit ihnen umzugehen
3	Digitale Führung	• Neue Anforderungen an Führungskultur und Verhalten im Kontext der Digitalisierung
4	Digitale Arbeit	• Neue Arbeitsformen durch moderne Kommunikationstechnologien ermöglichen eine erhöhte Agilität

Abb. 38: Aspekte der digitalen Transformation

10.4   Die vier wichtigsten Aktivitäten für die digitale Transformation

Um eine erfolgreiche digitale Kultur zu etablieren, gehören vier wichtige Aktivitäten dazu, um Unsicherheiten und Ängsten der Mitarbeitenden entgegenzuwirken. Diese sind:

> Eine Vision zur Digitalisierung des Unternehmens definieren, dann informieren, partizipieren und qualifizieren!

Der Gründer von Facebook, Mark Zuckerberg, formulierte seine Vision: »Bring the world closer together« und Steve Jobs' Vision lautete bei Apple »Think different«. Eine Vision zeigt langfristige und damit auch nachhaltige Ziele auf. Auf diesem weiten Weg mussten beide Unternehmer wie bereits erwähnt auch Niederlagen einstecken. Doch eine starke Vision gibt Kraft, wieder aufzustehen und den Weg seiner Überzeugung weiterzugehen. Zu Beginn sollte ein jedes Unternehmen eine Vision für die Digitalisierung entwerfen. Sie ist der bereits mehrfach zitierte Nordstern, der Orientierung gibt.

Abbildung 39 zeigt die Vision zur Digitalisierung von Phoenix Contact. Darin ist u. a. die Aussage enthalten, dass die Digitalisierung den langfristigen Zielen und zur Sicherung der Arbeitsplätze dient. Mit dieser Zielsetzung wollten wir möglichst alle Mitarbeitenden in der digitalen Transformation mitnehmen. Dies ist ein wesentlicher Aspekt, um Zukunftsängste der Mitarbeitenden zu reduzieren. – Wie kann man nun als Manager in der Praxis die Unsicherheit der Belegschaft reduzieren?

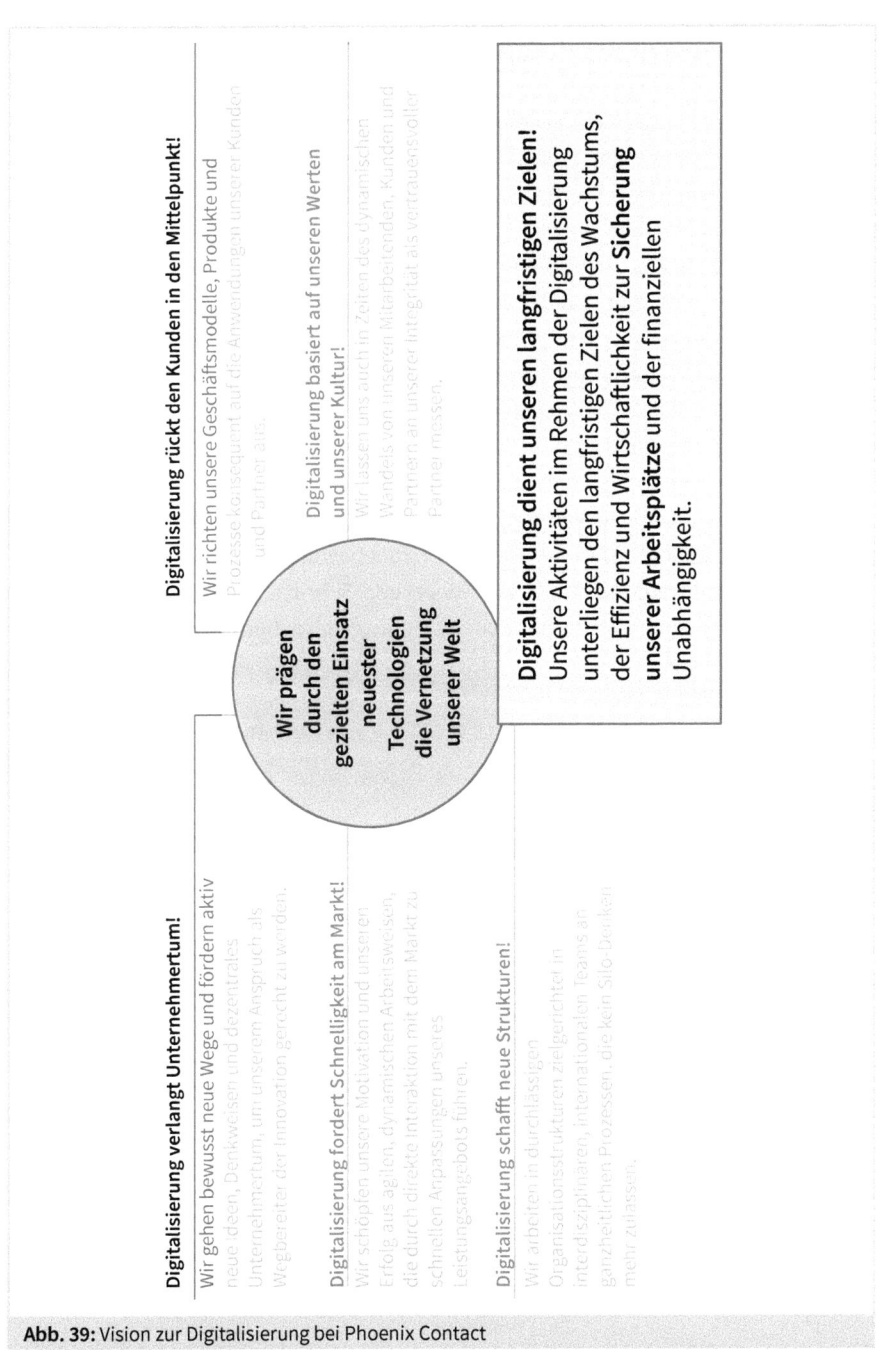

Abb. 39: Vision zur Digitalisierung bei Phoenix Contact

10.5 Betriebsrat als Partner einbinden

Kann man bei der Digitalisierung kein messbares Ziel formulieren, muss man über jeden Schritt informieren, den man in Richtung Digitalisierung macht. Wenn Mitarbeitende unsicher sind, weil sie die Thesen zum Arbeitsplatzabbau z. B. von Richard David Precht gehört haben, fragen sie nicht das Management, sondern sprechen den Betriebsrat an. Meistens erlebt der Betriebsrat dann die Aufforderung, das zu verhindern. Ist er dann nicht gut von der Geschäftsleitung informiert und involviert, wird er im Interesse der verunsicherten Mitarbeitenden versuchen, die digitale Transformation des Unternehmens auszubremsen. Daher ist es wichtig, den Betriebsrat sehr früh ins Boot zu holen. Als Geschäftsführer für Human Relations diskutierte ich im Schnitt alle zwei Wochen die Entwicklungen zu den Themen digitale Transformation und New Work mit den Betriebsratsverantwortlichen unserer Standorte und holte dabei auch ihren Rat ein. Sie kannten die Ängste der Basis im Detail und ich lernte sie dadurch besser kennen. Durch unseren vertrauensvollen und häufigen Austausch kannte der Konzernbetriebsrat so alle Ideen und Schritte, die wir uns gemeinsam als nächstes vornehmen wollten. Dabei ist es ausgesprochen wichtig, Vertrauen zu gewinnen und zu geben.[43]

> Vertrauen kommt nur zustande, wenn man redet, wie man handelt, und handelt, wie man redet.

Wenn Mitarbeitende den Betriebsrat ansprechen, kann er jederzeit Antworten geben und Unsicherheiten oder gar Ängste reduzieren. Die digitale Transformation wurde also bei Phoenix Contact in enger Zusammenarbeit mit dem Betriebsrat angegangen. Solch eine Offenheit erzeugt Vertrauen in die gemeinsame Zukunft. Für die Mitarbeitenden wurde eine Präambel zwischen Geschäftsführung und Betriebsrat definiert, die ihnen Sicherheit für ihren Arbeitsplatz und die Zukunft geben soll:

> Phoenix Contact begreift Digitalisierung als ein wichtiges Zukunftsprojekt, das sowohl Perspektiven für Mitarbeitende als auch für nachhaltiges Unternehmenswachstum bietet. Als Grundlage hierfür beabsichtigt Phoenix Contact in Zusammenarbeit mit Gewerkschaft und Betriebsrat Rahmenbedingungen zu schaffen, die diese Perspektiven eröffnen und fördern. Neben Ausbildung und Qualifizierung sind damit insbesondere auch flexible und sichere Arbeitsbedingungen gemeint, die Raum für Wachstum und Innovation ermöglichen.

---

43 Vgl. Olesch, G. 2015 b.

Unsere Belegschaftsversammlungen habe ich als Geschäftsführer zusammen mit dem Betriebsrat regelmäßig genutzt, um die Mitarbeitenden im Detail über die einzelnen Schritte zu informieren, die das Unternehmen auf dem Weg zur Digitalisierung machen will.[44]

Abb. 40: Regelmäßige Informationen zur digitalen Transformation auf Belegschaftsversammlungen durch die Geschäftsleitung

Dabei wurden beispielsweise auch Talkrunden präsentiert, wo Betriebsratsvorsitzende, Gewerkschaft, Geschäftsführung und zum Teil auch Minister vor der Belegschaft das Thema Digitalisierung und New Work bei Phoenix Contact öffentlich diskutierten. Dadurch wird dokumentiert, dass man an einem Strang zieht und so Vertrauen bei der Belegschaft erzeugen kann.

---

44 Vgl. Olesch, G. 2021 b.

Abb. 41: Informationsformate bei Belegschaftsversammlungen – von links: Betriebsratsvorsitzende, Gewerkschaftsvertreter, der Autor, Bundesministerin

Regelmäßig wurden von Management und Betriebsrat im Magazin für Mitarbeitende
gemeinsame Berichte über den Fortschritt der digitalen Transformation präsentiert.
Darüber hinaus wurden den Mitarbeitenden Videos zu Verfügung gestellt, in denen
die Geschäftsführung ebenfalls regelmäßig Informationen gab, die den Informa-
tionsbedarf der Mitarbeitenden erfüllten.

Abb.42: Regelmäßige Videos mit der Geschäftsführung

Die Gesamtheit unserer Bemühungen haben der Arbeitgeberverband Metall NRW und die IG Metall NRW dadurch gewürdigt, dass sie unser Unternehmen als Vorbild für eine erfolgreiche digitaler Transformation und Industrie 4.0 dargestellt haben. Das hat weiter Vertrauen bei den Mitarbeitenden geschaffen und einen Imagegewinn als guter Arbeitgeber erzeugt.

Video: Arbeitgeberverband Metall NRW und die IG Metall NRW zur Industrie 4.0 bei Phoenix Contact

119

10.6   Digitalisierung als Chance für das HR-Management

Aus der Digitalisierung erwächst eine große Chance für das HR-Management, eine deutlich größere und wichtigere Rolle im Unternehmen einzunehmen. Welche Anforderungen an den HR-Bereich bestehen durch die Digitalisierung? Einmal ist es aus meiner Sicht eine zentrale Aufgabe von HR, die erwähnte digitale Kultur bei den Mitarbeitenden zu entwickeln. Sie stellt die positive Einstellung der Mitarbeitenden zum Thema Digitalisierung dar und ist ein unbedingtes Muss, damit neue Wege beschritten werden können, wie zum Beispiel die Entwicklung von Konzepten zu New Work. Dieses setzt auf vermehrte Eigenverantwortung und Potentialentfaltung des Mitarbeitenden, der weit mehr als früher in unternehmerische Entscheidungen mit einbezogen werden will. Die reine Ausführung von Vorgaben des Vorgesetzten wird abgelöst durch eigene Kreativität. Klassische Entscheidungskriterien wie Gehalt und Arbeitszeit verlieren gegenüber flachen Hierarchien, Familienfreundlichkeit und persönlichen Entwicklungsmöglichkeiten zunehmend an Bedeutung. Passend dazu etabliert sich das Konzept New Leadership, der Austausch hierarchischer Führung durch eine Vertrauenskultur, die von Empathie und Vertrauen geprägt ist.

Bedeutsam sind alle Konzepte, die dem Mitarbeitenden eine möglichst flexible Lebensgestaltung ermöglichen. Hierzu gehören Homeoffice, Co-Working-Spaces und Gleitzeit. Eine strikte fachliche Trennung von Arbeitsgruppen wird ersetzt durch gemischte Teams. Auch die Zuweisung fester Arbeitsplätze verliert an Bedeutung. Immer größerer Beliebtheit erfreut sich hingegen Desk Sharing, bei dem Mitarbeitende ihren Arbeitsplatz im Unternehmen täglich frei wählen können.

Grundvoraussetzung, um New Work erfolgreich im eigenen Unternehmen zu etablieren, ist das Bewusstsein, dass Arbeit und persönliche Freiheit nicht im Widerspruch zueinanderstehen. New Work verfolgt den Ansatz, berufliche Entwicklung mit persönlicher Entfaltung zu kombinieren. Diesen Ansatz sollten Unternehmen immer im Hinterkopf behalten, wenn es darum geht, Strukturen für das neue Arbeitsmodell zu schaffen. Da sind neue Herausforderungen für den HR-Manager. Durch die erfolgreiche Umsetzung von New Work kann er seine Relevanz im Unternehmen deutlich ausbauen.

Zweitens ist es eine primäre Verantwortung des HR-Managers, die digitale Kompetenz der Mitarbeitenden zu entwickeln. Wir haben bei Phoenix Contact dafür das weiter oben beschriebene digitale Kompetenzprofil erstellt und alle notwendigen

Qualifizierungsmaßnahmen zur Verfügung gestellt, damit die Mitarbeitenden mit den neuen Technologien erfolgreich umgehen können (siehe Kapitel 8).

Wie erwähnt, nutzt Phoenix Contact schon viele Jahre ein Kompetenzprofil für Mitarbeitende. Bedingt durch VUCA und der Digitalisierung wurde es aktualisiert. Die Digitalisierung bringt aus meiner Sicht vielen Mitarbeitenden Vorteile:

> Die Gewinner der digitalen Transformation sind die, die sich schnell an Veränderungen anpassen, die agile Arbeitsmethoden anwenden, die mit Komplexität umgehen, die Entscheidungen unter Unsicherheit treffen, die dadurch Kreativität steigern und die, die die dafür notwendigen Daten optimal nutzen.

10.7   Qualifizierung zur digitalen Kompetenz

Als die Kutscher einst von den Pferden zum Automobil wechselten, wurden sie zur Erlangung einer Driving Licence qualifiziert. Qualifikation zu digitalen Themen ist heute der Schlüssel zum Erfolg. Diese beginnt bereits in der Ausbildung.

Heute bestehen flexiblere, vernetzte und digitalisierte Strukturen, die mehr IT-Kenntnisse der Mitarbeitenden erfordern. Der Aktionsradius wird sich zudem verändern und der technologische Standard anspruchsvoller werden. Ein breiteres Wissen ist erforderlich. Neue Medien wie E-Learning und Webinare sind in Ausbildung und Qualifizierung stärker eingebunden und das bereits vor der Corona-Pandemie. Neue Formen der digitalen und menschlichen Zusammenarbeit entstehen. Ich sehe dabei fünf Qualifizierungsgruppen:

1. Angelernte: Qualifizierung und Weiterbildung mit gruppenspezifischen Bildungsmaßnahmen
2. Erstausbildung für Facharbeiter: Anforderungsprofil wird elektronischer und generalistischer
3. Ingenieursstudium: Bachelor und Master mit Zusatzqualifikation Digitalisierung
4. Berufserfahrene: Heranführung an neue Medien und Arbeitsweisen und altersgerechte Qualifizierung sowie Abbau von Hemmnissen zum leichteren Lernen der Digitalisierung
5. Führungskräfte: Führungskraft als Change Leader & Coach, Befähigung der Mitarbeitenden steht im Vordergrund

Was bedeutet das im Einzelnen? – Für Angelernte ist es wichtig, sich höher zu qualifizieren, damit sie in der Digitalisierung ihre beruflichen Chancen erhöhen. Dafür sind die Unternehmen verantwortlich.

Das Anforderungsprofil für die Erstausbildung zum Facharbeiter wird generalistischer werden und sich hin zu einem »Produktroniker« und »Infotroniker« entwickeln. Sogenannte T-Bildung ist zunehmend gefragt: Sie geht mehr in die Breite, ohne die Tiefe der Berufsausbildung zu vernachlässigen. Das heißt, dass der Produktionsmechaniker oder der Mechatroniker viel mehr Informatikkenntnisse wird anwenden müssen, als es bisher üblich ist. Dafür sind die Unternehmen, Berufsschulen und IHKs verantwortlich.

Die meisten Studiengänge werden ebenfalls angepasst werden. Bachelor und Master werden mit aktuellen Zusatzqualifikation der digitalisierten Vernetzung ausgebaut. Das sollte in Kooperation mit Unternehmen und Hochschulen erfolgen. In meiner Tätigkeit als Hochschullehrer konnten wir bereits berufsbegleitende Weiterbildungen oder Aufbaustudien zum Bachelor oder Master in Digitalisierung entwickeln. Bei solchen Vorhaben erarbeiten Unternehmen und Hochschulen im Team aktualisierte Curriculae. So auch Phoenix Contact, um seinen Bachelorabsolventen berufsbegleitend den Master im Unternehmen anzubieten. Bisher mussten Bachelorabsolventen oftmals kündigen, um zwei Jahre ein Studium zum Master durchzuführen. Sie fehlten dem Unternehmen und ob sie nach dem Studium wiederkehrten, war unsicher. Mit dem neuen System ist dieses Risiko minimiert.

Auch die Berufserfahrenen müssen mitgenommen werden. So sollte eine stete Heranführung an neue Medien und Arbeitsweisen mit altersgerechter Qualifizierung angeboten und Lernhemmnisse insbesondere im Bereich Digitalisierung psychologisch abgebaut werden.

10.8   Anforderungen an die Führungskraft in der Digitalisierung

Der HR-Manager muss einen starken Beitrag leisten, um in der digitalen Transformation eine adäquate Führung zu entwickeln. Er muss Konzepte, Leitlinien sowie Bildungsmaßnahmen generieren, die die heutige Führungskraft zum Change Leader qualifizieren, um die Mitarbeitenden in die digitale Transformation zu führen.

Die Führungskraft muss sich als Change Leader verstehen, wobei die Motivation und Befähigung der Mitarbeitenden für die Digitalisierung im Vordergrund steht. Denn die Führungskraft wird nicht mehr an ihren persönlichen Taten und Erfolgen, sondern am Erfolg ihres Teams gemessen werden. Das Coaching ihrer Mitarbeitenden spielt dabei eine zentrale Rolle. Ich vergleiche es mit einem Fußballtrainer: Er spielt nicht mehr aktiv mit, hat aber die Verantwortung, dass seine Mannschaft gewinnt. Das spiegelt sich auch in den oben beschriebenen Führungsleitlinien von Phoenix Contact wider (Kapitel 9).

Bei allen Bildungsinitiativen zur Digitalisierung ist auch die Eigeninitiative der Mitarbeitenden zum Erlernen von Know-how gefragt. Phoenix Contact besaß seit Jahrzehnten ein Bildungscenter, dass jedoch den Anforderungen der digitalen Transformation nicht entsprach. Nach jahrelanger Überzeugungsarbeit ist 2016 für ca. 35 Mio. Euro ein Trainingscenter mit 13.000 Quadratmetern gebaut worden. Hier konnten alle notwendigen Bildungsprogramme der Zukunft realisiert werden. Die damalige Bundesforschungs- und Bildungsministerin, Johanna Wanka, hatte sich dafür als Schirmherrin zu Verfügung gestellt. Das zeigt, dass auch die Politik das Bildungsthema Digitalisierung als sehr wichtig erachtet.

Abb. 43: Trainingscenter von Phoenix Contact

Für die Qualifizierung zur Digitalisierung wurden bei Phoenix Contact zahlreiche Trainings und E-Learnings angeboten. In den letzten Jahren hatten wir ca. 14.000 Bildungsteilnehmer pro Jahr: Wenn Montagemaschinen digital umgerüstet werden oder neue digitalisierte Maschinen eingerichtet werden, kann das praktische Lernen nur vor Ort geschehen. Schon vor Beginn der Corona-Pandemie hatten wir diese Trainings mit E-Learning-Elementen kombiniert. Bei allen Qualifizierungsaktivitäten stellte Phoenix Contact eine These immer in den Vordergrund, um eine positive Motivation für die digitale Transformation bei den Mitarbeitenden zu erreichen:

Wir trainieren nicht nur Know-how – wir trainieren die innere Einstellung!

Video zur Eröffnung des Trainingscenters

11 Gesundheitsmanagement

11.1 Gründe für Gesundheitsmanagement

Unsere alle zwei Jahre stattfindenden Befragungen ergaben regelmäßig, wie wichtig es den Mitarbeitenden ist, dass das Unternehmen auf ihre Gesundheit achtet und sie auch pflegt. Auch aus betriebswirtschaftlicher Sicht ist es für ein Unternehmen relevant, auf die Gesundheit der Mitarbeitenden zu achten. Ein hoher Krankenstand erzeugt schließlich auch deutlich höhere Kosten.

> *Gesundheit ist nicht alles, aber ohne Gesundheit ist alles nichts.*
> (Arthur Schopenhauer)

Gesundheitsthemen haben heute auch große mediale Präsenz. Es gibt zahllose Internet-Foren und Fernsehsendungen zum Thema Fitness, die sich eines großen Interesses erfreuen. Wenn Betriebe in Zukunft erfolgreich sein wollen, müssen sie ihr nicht bilanziertes, aber dennoch höchstes Kapital – den Menschen und seine Gesundheit – stärker fokussieren. Hier ist besonders Human Relations gefragt, moderne Konzepte zum Thema Gesundheitsmanagement zu entwickeln und ständig auszubauen.[45] Das Ziel ist eine Ausgewogenheit von Arbeit, Gesundheit und persönlicher Lebenserfüllung – sprich Work-Life- Balance.

Die Notwendigkeit der Entwicklung und des Ausbaus eines Gesundheitsmanagements liegen in der Demografie und Altersstruktur der Bevölkerung begründet: Sie wird immer älter. Im Jahre 2025 wird die größte Altersgruppe in Deutschland 60 Jahre alt sein (siehe Abbildung 44).

---

45 Vgl. Artmann, T. 2019.

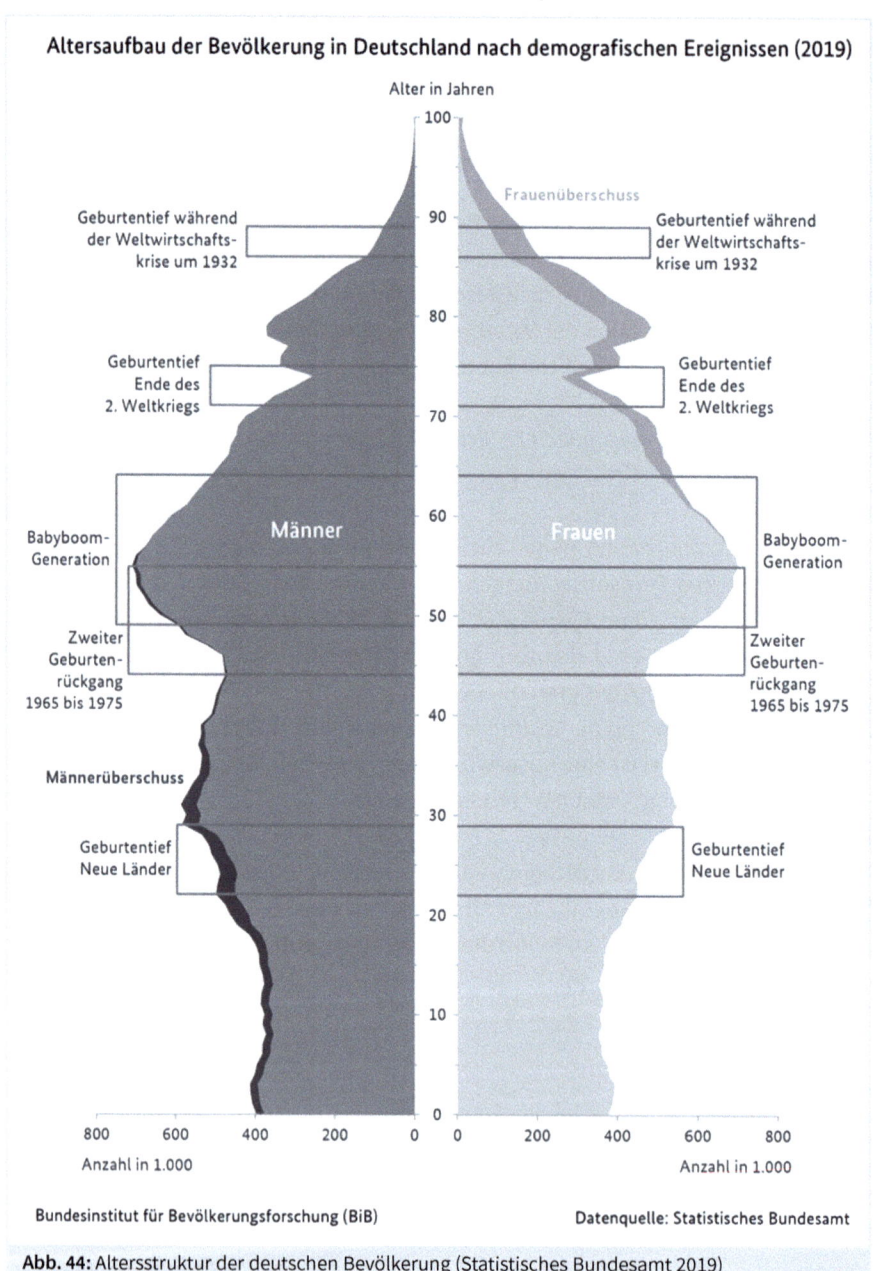

Abb. 44: Altersstruktur der deutschen Bevölkerung (Statistisches Bundesamt 2019)

Je höher das Alter eines Menschen, umso höher ist das Risiko, seine physische und psychische Fitness einzubüßen oder zu erkranken. Das schlägt sich in geringerer Leistungsfähigkeit und höherem Krankenstand im Unternehmen nieder und kostet viel Geld. Daher sind gesundheitsfördernde Maßnahmen eines Unternehmens neben dem traditionellen betriebsärztlichen Dienst sowie der Arbeitssicherheit notwendig.

11.2   Die Gesundheitsvision

Auch für das Gesundheitsmanagement, das heute im Rahmen von New Work eingesetzt wird, hatten wir bei Phoenix Contact eine Vision formuliert:

Die Vision: Durch Actiwell zukünftige Krankenstände niedrig halten![46]

Der Name unseres Gesundheitsmanagements entstand als eine Zusammensetzung von Aktivität und Wellness. Das daraus abgeleitete Ziel zu Beginn des betrieblichen Gesundheitsmanagements im Jahr 2008 war, den durchschnittlichen Krankenstand von 3,6 Prozent auch bei der älter werdenden Belegschaft zu halten (siehe gestrichelte Linie Abbildung 45). Die Erkrankungsrate bei Muskeln und Skelett ist bei über Vierzigjährigen um 1,8, Prozent höher, bei über 50-Jährigen um 4,6 Prozent höher. Der 25-Jährige bekommt eine Grippe, die in vier Tagen kuriert ist. Der 50-Jährige hat dagegen einen Bandscheibenvorfall, dessen Genesung Monate dauert. Hier soll ein modernes Gesundheitsmanagement präventiv entgegenwirken. Ich nenne es Personalentwicklung für den Körper.

---

46   Vgl. Olesch, G. 2016 c.

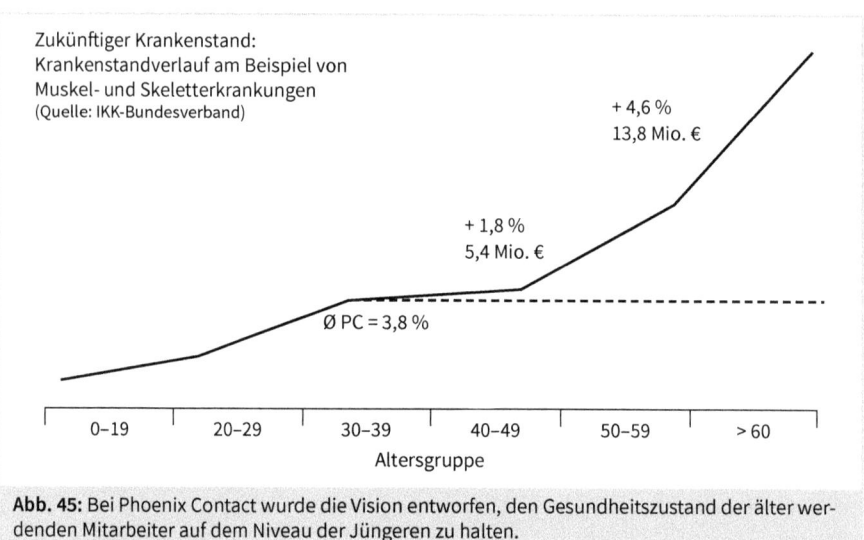

Zukünftiger Krankenstand:
Krankenstandverlauf am Beispiel von
Muskel- und Skeletterkrankungen
(Quelle: IKK-Bundesverband)

+ 4,6 %
13,8 Mio. €

+ 1,8 %
5,4 Mio. €

Ø PC = 3,8 %

0–19   20–29   30–39   40–49   50–59   > 60

Altersgruppe

Abb. 45: Bei Phoenix Contact wurde die Vision entworfen, den Gesundheitszustand der älter werdenden Mitarbeiter auf dem Niveau der Jüngeren zu halten.

Der arbeitende Mensch hat private Bedürfnisse, die höchst unterschiedlich sein können. Die meisten erwachsenen Menschen haben drei Lebensinhalte: Arbeit, Familie und Freizeit. Ihre private Situation übt einen starken Einfluss auf ihr berufliches Leistungsvermögen aus. Wenn Mitarbeitende das Werksgelände betreten, bringen sie neben ihrer Arbeitskraft auch ihre Sorgen und Nöte mit. Wenn ein Unternehmen keine Möglichkeiten bietet, den Einklang zwischen beruflichen und privaten Interessen seiner Mitarbeitenden zu fördern, kann durch unzureichende Leistung ein finanzieller und motivatorischer Nachteil entstehen. Daher sollte ein modernes Unternehmen gerade in Zeiten von New Work Arbeitszeitmodelle anbieten, die die Leistungsfähigkeit der Mitarbeitenden fördern und sich mit ihren privaten Interessen vereinbaren lassen.

High Potentials und Generation Y und Z sowie Digital Natives haben dezidierte Ansprüche an einen Arbeitgeber. Sie wollen gute Entwicklungsmöglichkeiten, hohe Eigenverantwortung, ab-wechslungsreiche Tätigkeiten und ihre privaten Bedürfnisse erfüllen können. Um gute Mitarbeitende zu binden und zu gewinnen, ist eine ausgeprägte Work-Life-Balance-Strategie notwendig. Bei wachsender Wirtschaft kommt der Arbeitsmarkt in Bewegung. So ist heute Work-Life-Balance ein Imagefaktor, um als attraktiver Arbeitgeber zu gelten.[47] Daher sollte das HR-Management über entsprechende Konzepte verfügen.

---

47   Vgl. Frickenschmidt, S./Quenzler, A., 2012.

Work-Life-Balance ist der Begriff für alle Maßnahmen, die eine Ausgewogenheit zwischen beruflichem und privatem Leben erzeugen, die psychische und physische Gesundheit stärken und letztendlich zum Leistungserhalt sowie zur Leistungsförderung des Mitarbeitenden beitragen. Dadurch profitieren Unternehmen sowie Mitarbeitende und es wird eine Win-win-Situation erreicht. Ich schildere nun das Konzept des Gesundheitsmanagements bei Phoenix Contact, das unter 650 eingereichten Innovationsvorschlägen von der EU den ersten Platz mit einer Prämie von 70.000 Euro erhalten hat.

Einer der Werte bei Phoenix Contact lautete: »Unsere Unternehmenskultur fördert Vertrauen und die Entwicklung der Mitarbeiter zum Erreichen vereinbarter Ziele« (Kapitel 3.3). Unter Entwicklung der Mitarbeitenden wird neben klassischen fachlichen sowie verhaltensorientierten Maßnahmen wie Trainings, Coachings und Job-Enrichment auch die gesundheitliche Verfassung betrachtet. Folgende Aspekte stehen dabei im Vordergrund:

Gesundheitsmanagement – Personalentwicklung für den Körper
1. Sportliche Aktivitäten und Gesundheitstraining
2. Stressbewältigungstraining
3. Beratung bei privaten Problemen
4. Ernährungsberatung
5. Gesundheitstraining am Arbeitsplatz

11.3   Aktivitäten des Gesundheitsmanagements

Um ein optimales Gesundheitsmanagement einzuführen und aufrechtzuerhalten, sind finanzielle Mittel notwendig. Daher sind intelligente Lösungen gefragt, um die daraus resultierenden Kostensteigerung des HR-Managements möglichst gering zu halten. Aus diesem Grund hat das Personalmanagement von Phoenix Contact den Schulterschluss mit den Krankenkassen gesucht. Diese sind interessiert, Prävention zu betreiben, da solche Maßnahmen unter dem Strich günstiger sind, als hohe Kosten für Therapien bei Erkrankten und deren Rehabilitation zu tragen. Ein Krankenkassenmitglied, das auch im höheren Alter gesund ist, entlastet das Budget der Sozialversicherer ungemein. Daher wurde das Gesundheitsmanagement unter Federführung des HR-Managements gemeinsam mit dem betriebsärztlichen Dienst und den Krankenkassen erarbeitet. So waren Letztere zu Beginn bereit, einen Teil der Kosten zu übernehmen.

Um betriebliches Gesundheitsmanagement erfolgreich einzuführen, sollten die potentiellen Kunden, sprich Mitarbeitenden, vor einer Implementierung des Gesundheitsmanagement befragt werden, in welcher Form sie sich selbst daran beteiligen würden. In einem Fragebogen wurden die Fitness-Aktivitäten beschrieben, die angeboten werden sollten. Die überwältigende Beteiligung sowie die Antworten bewiesen, wie groß das Interesse der Mitarbeitenden am Gesundheitsmanagement war. Über ein Drittel der Belegschaft teilte mit, dass sie an den Aktivitäten teilnehmen würde. Davon bevorzugten 50 Prozent das Bewegungstraining, 30 Prozent das Entspannungstraining und 20 Prozent die Ernährungsberatung. Insgesamt 82 Prozent der Mitarbeitenden teilten mit, dass sie ein- bis zweimal die Woche trainieren würden.

Es wurden professionelle Gesundheitsdienstleister in der jeweiligen Region der Werke von Phoenix Contact zur Umsetzung des Gesundheitsmanagements ausgewählt. Die Dienstleister stellten technische Geräte, Trainer und Physiotherapeuten zur Verfügung.

Folgende Aktivitäten wurden entworfen und angeboten:
- Gesundheitscheck mit Zielvereinbarungen
- Training Herz-Kreislauf
- Training Muskulatur und Gelenke
- Entspannungstrainings
- Ernährungsberatung
- Wiedereingliederung
- Gesundheitstraining am Arbeitsplatz
- Gesundheitswochen
- Beratung bei privaten Problemen

Alle Mitarbeitenden konnten einen einstündigen Check durchlaufen, in dem ihr Gesundheitszustand im Detail untersucht wurde. Bei festgestellten gesundheitlichen Defiziten wurden dafür Maßnahmen mit den Physiotherapeuten vereinbart, entsprechend unserem Zielvereinbarungssystem zwischen Führungskraft und Mitarbeitenden (siehe Kapitel 7). Daraufhin startete ein inhaltlich und zeitlich abgestimmtes Trainingsprogramm für Herz-Kreislauf und/oder Muskulatur sowie Gelenke mit einer Dauer zwischen einem halben bis zwei Jahren. Bei zusätzlichem Übergewicht fand eine Ernährungsberatung statt, bei Stressbelastung wurde als Entspannungstraining Progressive Muskelrelaxation oder Autogenes Training angewendet. Zusätzlich konnte ein Raucherentwöhnungstraining wahrgenommen werden.

Nach Ablauf der vereinbarten Trainingsdauer wurde wieder ein Gesundheitscheck vorgenommen, um den Fortschritt festzustellen. Wurden die Ziele erreicht, konnte das Training beendet werden. In der Praxis zeigte sich jedoch erfreulicherweise, dass die Teilnehmer ihr Training fortsetzten. Es bildeten sich Gruppen von Mitarbeitenden, die auch jenseits des Trainings Kontakte pflegten, was darüber hinaus den sozialen Zusammenhalt der Mitarbeitenden förderte.

Auch am Arbeitsplatz wurden bei Phoenix Contact physiotherapeutische Trainings durchgeführt. Falsche Körperhaltungen und -bewegungen bei Arbeitsabläufen sind Ursache für gesundheitliche Nachteile und diese können nur vor Ort festgestellt und behoben werden.

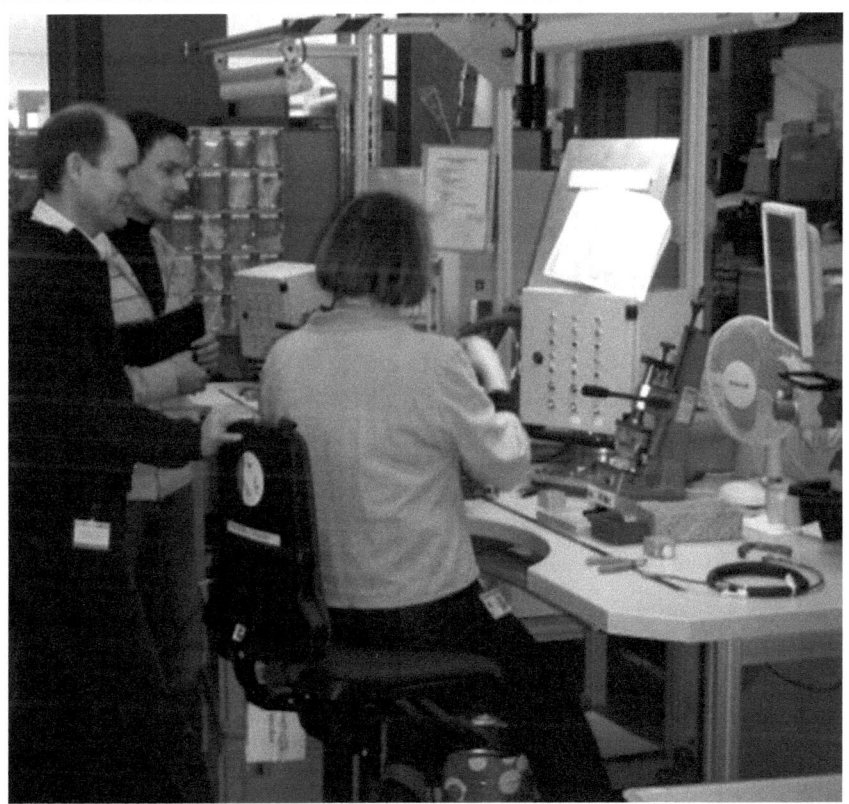

Abb. 46: Gesundheitstrainings am Arbeitsplatz

Darüber hinaus gab es in der Nähe der Arbeitsplätze spezielle Liegen zur Anwendung der »aktiven Erholungspause«, die von den Mitarbeitenden gerne genutzt wurden – durch New Work, den Anspruch der Mitarbeitenden auf eine gute Gesundheit, beschleunigte solche Entwicklungen.

Abb. 47: Mitarbeitende mit Trainer bei der Anwendung von aktiven Erholungspausen

Daneben fanden bei Phoenix Contact häufig Aktionswochen statt, in denen Mitarbeitende verschiedene Gesundheitsangebote wahrnehmen konnten.

11.4   Dezentrales Gesundheitssystem

Durch Corona hat das Arbeiten im Homeoffice stark zugenommen und wird auch dauerhaft bleiben. Wenn die Mitarbeitenden mehr zu Hause arbeiten, möchte sie in räumlicher Nähe von ihrer Wohnung oder ihrem Haus Möglichkeiten haben, um ihre Gesundheit fit zu halten. Sie sind dann nicht mehr bereit, viele Kilometer zum Unternehmenssitz zu fahren, wo sich ein Gesundheitszentrum befindet. Daher haben wir zusätzlich ein Netzwerk von Gesundheitszentren in der Nähe der Wohnorte unserer meisten Mitarbeitenden aufgebaut. Dort konnten sie zu gleichen finanziellen Konditionen die sportlichen Angebote wahrnehmen. Das betrachteten wir als einen wichtigen Beitrag zu Work-Life-Balance und New Work.

11.5   Messbare Erfolge von Gesundheitsmanagement

Die Ergebnisse aus den vielfältigen Trainingsmöglichkeiten wurden bei den Teilnehmenden jährlich gemessen. Mit 380 Mitarbeitenden, die durchgehend trainierten, wurde darüber hinaus eine Langzeitstudie über fünf Jahre durchgeführt. Dabei offenbarten sich ermutigende Ergebnisse:

Resultate des Gesundheitsmanagements – Untersuchung über 5 Jahre mit 380 Mitarbeitenden
- Verbesserung
  - 20 % Muskelkraft
  - 11 % Ausdauer
  - 13 % Beweglichkeit der Gelenke
  - 18 % subjektives Wohlbefinden
- ca. 430.000 € Kosten
- ca. 620.000 € Einsparung durch niedrigeren Krankenstand
- ca. 190.000 € Gewinn

Das Besondere an diesem Ergebnis – neben aller gesundheitlicher Verbesserung – ist, dass den jährlichen Kosten von 430.000 Euro eine Einsparung in Höhe von 620.000 Euro durch den geringeren Krankenstand gegenüberstand, woraus also ein positives Ergebnis von 190.000 Euro in fünf Jahren resultierte. Die Rendite aus diesem Projekt beträgt damit 15,8 Prozent. Somit konnte belegt werden, dass Gesundheitsmanagement ein großer Erfolg für die Gesundheit der Mitarbeitenden, für die Krankenkassen und das durchführende Unternehmen ist.

11.6   Unterstützung bei Wiedereingliederung

Durch frühzeitiges Erkennen von gesundheitlich eingeschränkten Personen sollte langfristig Arbeitsunfähigkeit vermieden werden. Darüber hinaus wendeten wir ein betriebliches Wiedereingliederungsmanagement an. Es sollte als Wertschätzung gegenüber den erkrankten Mitarbeitenden verstanden werden und damit auch unsere menschzentrierte Unternehmenskultur fördern.

Handlungsbedarf besteht grundsätzlich dann, wenn Beschäftigte mehr als sechs Wochen ununterbrochen oder wiederholt arbeitsunfähig sind. Der Prozess wird vom HR-Management angestoßen. Nach einer Vorklärung wird in Form eines Einladungsschreibens zu einem Präventionsgespräch Kontakt zu den Betroffenen aufgenommen. Die Teilnahme am Präventionsgespräch ist freiwillig. Gegebenenfalls können weitere Fachkräfte z. B. Betriebsarzt, Betriebsrat oder Führungskraft auf Wunsch des Mitarbeitenden hinzugezogen werden. Nach Erfassung der Ausgangssituation stimmen sich alle Beteiligten dahingehend ab, wie die Arbeitsunfähigkeit überwunden und mit welchen Hilfen und Leistungen erneuter Arbeitsunfähigkeit vorgebeugt werden kann. Dieses können betriebsinterne Maßnahmen sein, wie z. B. Arbeitsplatzanpassung, Unterstützungsmaßnahmen durch einen Rehabilitationsträger, Zuschüsse für Arbeitshilfen im Betrieb oder ergänzende medizinische Leistungen zur Rehabilitation. Sofern Letztere notwendig werden, werden externe Servicestellen wie Integrationsämter, Rentenversicherungsträger oder Berufsbildungsträger hinzugezogen.

Mit einer stufenweisen Wiedereingliederung (Sozialgesetzbuch V, § 74) können Mitarbeitende nach längerer schwerer Krankheit (> 6 Wochen) sukzessive in den Arbeitsprozess eingewöhnt werden. Die Arbeitsaufnahme startet mit wenigen Stunden täglich und steigert sich entsprechend dem Leistungsvermögen der Mitarbeiter bis zur vollen Erwerbstätigkeit. Während der Maßnahme erhält der Mitarbeitende weiterhin Geld von der Krankenversicherung bzw. von der Rentenversicherung.

Der Prozess im Unternehmen startete bei Phoenix Contact mit einer Vorstellung beim Betriebsarzt, der die Hausarztempfehlung nochmals mit den Arbeitsplatzanforderungen abglich. Der innerbetriebliche Wiedereingliederungsplan wurde zudem mit der zuständigen Führungskraft besprochen. In wöchentlichen Feedbackrunden dokumentierten Führungskraft und Mitarbeiter den Verlauf der sukzessiven Arbeitsaufnahme und regten ggf. beim Betriebsarzt Änderungen am Wiedereingliederungsplan an.

Während des Wiedereingliederungsprozesses wurden alle Möglichkeiten zum Erhalt des Arbeitsplatzes (Hilfsmittel, Anpassung des Arbeitsplatzes, Ergonomie) ergriffen.

Daneben waren Trainingseinheiten im gerade beschriebenen Actiwell-Gesundheits-
zentrum möglich. Auf diese Weise konnten 95 Prozent aller langfristig Erkrankten
am selben Arbeitsplatz, an einem angepassten Arbeitsplatz oder an einem anderen
Arbeitsplatz die volle Erwerbstätigkeit wieder aufnehmen.

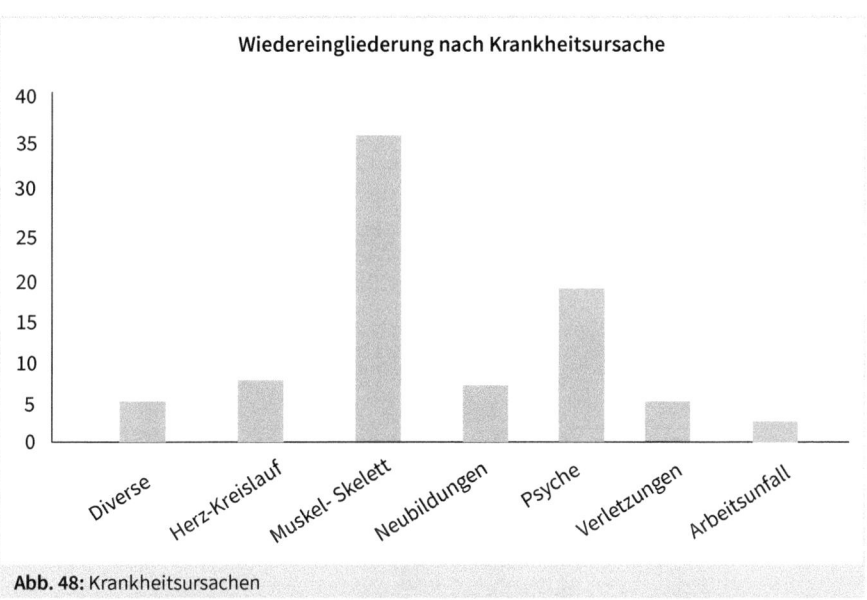

Abb. 48: Krankheitsursachen

Es ist elementar wichtig, dass die Unternehmensleitung das Gesundheitsmanagement in die Unternehmensstrategie verankert. Das Führungsleitbild von Phoenix
Contact enthielt sieben Dimensionen. Eine davon ist »Respekt und Wertschätzung«,
bei der die Gesundheit der Mitarbeitenden eine wesentliche Rolle spielt:

> Wir sind verantwortlich für ein positives Arbeitsklima, sinnhafte Arbeit und menschliche
> Anteilnahme. Wir wollen, dass unsere Mitarbeitenden gesund bleiben. Deshalb wird auf ein
> ausgewogenes Verhältnis von Arbeit, Lernzeit und Freizeit geachtet.

Dieses Leitbild wurde von mir als Geschäftsführer in den Führungstrainings persönlich vermittelt, nichts kann diese direkte und authentische Vermittlung ersetzen. Es
ist die beste Methode Gesundheitsstrategien zum Leben zu erwecken und vor allem
lebendig zu halten.

11.7   Geschäftsführung als Vorbild im Gesundheitsmanagement

Um den nachhaltigen Erfolg des betrieblichen Gesundheitsmanagements weiterhin zu gewährleisten, nahm die Geschäftsführung selber an Aktionen als Vorbild teil, wie in unseren Leadership Principles bereits beschrieben (Kapitel 9). Die Treppe muss wie erwähnt von oben gefegt werden, daher ist das Verhalten des Top-Managements auch beim Thema Gesundheit sehr entscheidend. Mein Geschäftsführungskollege, der CTO, und ich warben auf Unternehmensplakaten für sportliche Aktivitäten der Mitarbeitenden.

Abb. 49: Werbeplakat mit zwei Geschäftsführern

Wir animierten die Mitarbeitenden damit zum Beispiel dazu, an Firmenläufen teilzunehmen. Mit gutem Erfolg: Es liefen bis zu acht Prozent der Mitarbeitenden bei solchen Wettbewerben mit.

Abb. 50: 300 Mitarbeitende beim Firmenlauf mit zwei Geschäftsführern

11.8   Hilfen bei psychischer Erkrankung

Psychische Erkrankungen haben in den letzten beiden Jahrzehnten enorm zugenommen. Davor hatten viele Betroffene Scham, darüber zu sprechen. Heute ist das sehr gut möglich.

Unser Ziel bei Phoenix Contact war es, auch psychische Erkrankungen deutlich zu reduzieren. Das lindert einmal das Leid des Betroffenen und reduziert für das Unternehmen die Kosten durch geringere Fehltage. Daher hatte ich mich als Geschäftsführer dafür eingesetzt, eine Fachkraft einzustellen, die betroffenen Mitarbeitenden bei psychischen Problemen hilft. Solche Probleme können beruflichen oder privaten Hintergrund haben. Denn Mitarbeitende können sich bekanntlich nicht von den privaten Problemen trennen, sobald sie das Unternehmensgelände betreten. Alle Gespräche mit der Fachkraft konnten diskret geführt werden, ohne dass der Vorgesetzte diese Information erhielt. Viele Mitarbeitende nahmen dieses Angebot an, um ihre Psyche wieder ins Gleichgewicht zu bringen.

Abb. 51: Steigerung der Fehltage durch psychische Erkrankungen (DAK/IGES Institut 2020)

11.9   Flexible Arbeitszeiten für Work-Life-Balance

Moderne Arbeitszeitmodelle dienen zur Work-Life-Balance, um Arbeit und privates Leben besser zu vereinbaren. Sie sollten derart gestaltet sein, dass ein Unternehmen hohe Flexibilität erreicht, um auf dem globalen Markt schnell reagieren zu können. Auf der anderen Seite müssen die Arbeitszeitmodelle den Bedürfnissen der Mitarbeitenden und ihrer privaten Zeitgestaltung entsprechen. Hier entsteht ein Spagat, bei dem die Balance nicht einfach zu erreichen ist. Es sind pragmatische Modelle gefragt.

Zum Beispiel wünschen sich High Potentials und Generation Y, Z, sowie Digital Natives Freiraum und Eigenverantwortung bei der Arbeit. Daher haben wir bereits vor langer Zeit Arbeitszeitmodelle mit einem großen täglichen Zeitkorridor, ohne Kernzeiten sowie feste Pausen eingerichtet und stets optimiert.[48] So hatten der Mitarbeitende die Freiheit, seine Arbeitskraft entsprechend der Auftragssituation sowie seiner Bedürfnisse einzusetzen. Gerade bei mobilem Arbeiten mussten Arbeitszeitmodelle besonders flexibel sein. Büroangestellte hatten die Möglichkeit, von zu Hause aus zu arbeiten. Wieviel Tage das pro Woche waren, wurde mit der Führungskraft und dem eigenen Team abgestimmt.

Das HR-Management hat sich dafür eingesetzt, dass alle Mitarbeitende einen Arbeitskontorahmen von +/- 70 Stunden hatten und diesen auch auf +/- 140 Stunden ausweiten konnten. Dabei arbeiteten High Potentials primär auf eigenen Wunsch mit einer 40-Stunden-Woche als Alternative zur 35-Stunden-Woche.

Wenn seitens eines Mitarbeitenden der Wunsch bestand, ein größeres Zeitkonto aufzubauen, so konnte er das bei seiner Führungskraft anmelden. Wenn dies mit der betrieblichen Situation vereinbar war, konnte er sich pro Jahr 210 Stunden zusätzlich ansparen, um eine Auszeit z. B. für einen verlängerten Urlaub, zum Hausbau oder zur Pflege der Eltern zu nehmen.

Um Mitarbeitenden Freiraum zu bieten, wurde häufig auch Teilzeitarbeit mit Jobsharing angeboten. Voraussetzung war dabei, dass die Bedürfnisse von Kunden und Geschäftspartnern nicht darunter litten und ein gemeinsamer Arbeitsplatz mit einer anderen teilzeitnehmenden Person genutzt wurde. Viele Mütter und Väter nahmen dies wahr, um sich um ihre kleinen Kinder zu kümmern.

Da Phoenix Contact das erste Unternehmen in Deutschland war, dass ein dediziertes Gesundheitsmanagement aufgebaut hat, erhielt wir für unsere Aktivitäten diverse Awards. Durch solche Veröffentlichungen wurde auch das Employer Branding gestärkt.

---

48   Vgl. Olesch, G. 2011.

Human Resources Award geht an Phoenix Contact

Für ein vorbildliches Gesundheitsmanagement

die Vermeidung arbeitsbedingter Gefahren für die körperliche und psychische Gesundheit der Mitarbeiter. Der Arbeitsplatz sei auch der richtige Ort, um die Ressourcen und Potenziale des Arbeitnehmers und somit auch des

Prof. Dr. Gunther Olesch, Geschäftsführung Phoenix Contact, Elisabeth Strathaus, Leitung Gesundheitsmanagement Phoenix Contact, Prof. Dr. Gerhard Huber, Juryvorsitzender und Vorstandsmitglied des Deutschen Verbands für Gesundheitssport und Sporttherapie (von links), bei der Übergabe des Human Resources Award 2010.

Abb. 52: Auszeichnung des Fraunhofer-Instituts 2010: erster Platz Gesundheitsmanagement

Mein erstes Konzept des Gesundheitsmanagements stellte ich 2008 dem geschäftsführenden Gesellschafter vor, um das notwendige Budget zu erhalten. Nach meiner Präsentation entgegnete er mir: »Lieber Herr Professor, wir benötigen kein internes Rehazentrum bzw. Krankenhaus. Aus meiner Sicht sind die Investition und die Maßnahmen nicht notwendig. Um die Gesundheit der Mitarbeitenden aufrechtzuerhalten, gibt es Ärzte und Krankenhäuser. Für die eigene Gesundheit muss jeder schon selbst sorgen. Es ist seine private Sache.« Ich war enttäuscht, dass mein Konzept keinen Anklang fand und erwiderte, dass Gesundheitseinschränkungen, die man sich privat einfängt, beim Betreten des Unternehmens mitgebracht werden. Dadurch wird die Leistungsfähigkeit der Betroffenen und schließlich des Unternehmens eingeschränkt. Ich konnte ihn aber auch mit dieser Argumentation nicht gewinnen. Trotz dieser Ablehnung war ich überzeugt, dass das Konzept zum Gesundheitsmanagement das Richtige war. Als Geschäftsführer konnte ich das Budget aus meinen anderen Verantwortungsbereichen abgreifen, um es in die Realisierung des Gesundheitskonzepts zu geben. Schließlich wurde es wie geschildert erfolgreich umgesetzt.

Es kamen der Ministerpräsident, Minister und Manager anderer Unternehmen zum Gesundheitszentrum Actiwell, um Anregungen zu erhalten, damit es breitflächig in der deutschen Wirtschaft eingesetzt werden konnte. Ich habe es auf diversen Vorträgen vorstellen dürfen. Ein Vortrag fand in meinem rotarischen Club statt, wo auch der geschäftsführende Gesellschafter Mitglied ist. Zum Ende meines Vortrages fragten andere rotarische Freunde, was der geschäftsführende Gesellschafter davon halte. Der antwortete: »Ich war zunächst dagegen, aber er hat seine Vision mit Dickkopf durchgesetzt und darüber bin ich jetzt froh, denn wir haben ein vorbildliches System, das die Gesundheit der Mitarbeitenden fördert, die Leistung für das Unternehmen steigert und die Kosten senkt.« Es zeigt wahre Größe, dass er seine erste Fehleinschätzung offenbart hat und das Gesundheitssystem nun positiv beurteilt.

Was will ich mit dieser Anekdote sagen? Es ist wichtig, sich eine Vision als den besagten Nordstern zu geben und sie mit Überzeugung gegen Widerstände umzusetzen. Dazu gehört eine gehörige Portion Resilienz. Mitglied der Geschäftsleitung zu sein, ist dabei ein relevanter Vorteil – schließlich ist man selbst für das Budget verantwortlich und kann es sich für solche Konzepte zusammenstellen, um sie schließlich zu realisieren. Für die Relevanz von Human Relations in der Geschäftsleitung vgl. detaillierter Kapitel 15.

12   Corporate Responsibility

Aus meiner Überzeugung hat ein Unternehmen neben den wirtschaftlichen Zielen, nach Gewinn zu streben und Menschen gesunderhaltende Arbeitsplätze zu bieten, auch eine Verpflichtung, sozial verantwortungsvoll in den Regionen zu handeln, wo es tätig ist. Reines Gewinnstreben allein nicht langfristig erfolgreich sein, Unternehmen müssen die Herzen der Kunden und Mitarbeitenden gewinnen. Letztere ermöglichen durch ihre Leistungsbereitschaft den Erfolg beim Kunden.

Bei Phoenix Contact wurden in den Befragungen der Mitarbeitenden, was sie zu Leistung motiviere, an erster Stelle Wertschätzung und Sinnhaftigkeit der Arbeit genannt. Begrüßt wurde aber auch das soziale Engagement des Unternehmens, ein Wert, der aus einer moralisch-ethischen Dimension entspringt. Soziale Werte lassen Loyalität und Identifikation der Mitarbeitenden zum Unternehmen wachsen. Auch die meisten Kunden legen heute Wert auf Corporate Responsibility und ethisches Verhalten bei ihren Lieferanten. Deshalb lassen sie heute zahlreiche Audits bei diesen durchführen.

Im Jahr 2009 erlebte die Wirtschaft die größte Rezession nach dem Zweiten Weltkrieg. Was war die Ursache? Ausgelöst haben die wirtschaftliche Katastrophe hoch qualifizierte und intelligente Bankmanager in den USA: Ihr unmoralisches und unsoziales Verhalten war die Ursache (Kapitel 7.5). Deshalb muss das Thema Corporate Responsibility (CR) mehr an Bedeutung gewinnen. CR ist als die gesellschaftliche Verantwortung von Unternehmen im Sinne eines nachhaltigen Wirtschaftens zu verstehen. Das heißt, dass Manager und Mitarbeitende Verantwortung für all ihr Handeln in der Gesellschaft übernehmen müssen. Nur mit dieser Überzeugung können wir eine ähnliche Krise wie 2009 in Zukunft vermeiden. Mir ist bewusst, dass das eine große Herausforderung ist, aber gerade der HR-Manager kann hier einen wichtigen Beitrag leisten.[49]

Manager sollten sich mehr zur sozialen Verantwortung für ihre Mitarbeitenden und das Umfeld des Unternehmens bekennen. CR beinhaltet, dass Unternehmen die

---

49   Vgl. Olesch, G. 2010 d.

Menschenrechte anerkennen und auch danach handeln. Dazu gehört übrigens auch das Recht der Menschen auf Arbeit und die Verpflichtung des Managements, auf das Wohl und Gesundheit der Mitarbeitenden zu achten. Der BDI hat dazu die internationale Norm ISO 26000 entwickelt.[50]

Bei Phoenix Contact haben wir davon abgeleitet eine Unternehmensstrategie zu Corporate Compliance und Corporate Responsibility niedergeschrieben und in die Praxis überführt. Unter der Koordination von HR haben wir uns bereits 2004 zur Wahrnehmung sozialer Verantwortung zunächst in Deutschland als Pilotland bekannt. Kurze Zeit später ist diese Strategie in allen weltweiten Niederlassungen und für alle Mitarbeitenden gültig geworden. Wir sind bereits 2005 dem Global Compact der UN beigetreten und waren dadurch eines der ersten Mitgliedsunternehmen. Dafür fassten wir alle weltweiten CR-Aktivitäten von Phoenix Contact zusammen und teilten sie Global Compact mit.

Ich bin der festen Überzeugung, dass zum Führen eines Unternehmens moralisch-ethische Werte unbedingt notwendig sind. Unternehmen mit ethischen Grundsätzen fühlen sich eher verpflichtet, soziale Verantwortung wahrzunehmen. Dies gilt einmal für die eigenen Mitarbeitenden aber auch für ihr unternehmerisches Umfeld. Ein Unternehmen zeigt Corporate Responsibility, wenn es Aktivitäten umsetzt, die zum Allgemeinwohl der Menschen, der Regionen und Länder dienen, mit und in denen es tätig ist, und die nicht gesetzlich verlangt werden. Diese Aktivitäten dürfen gleichzeitig auch zum Vorteil des eigenen Unternehmens gereichen. Als maßgebliches Verständnis von Corporate Social Responsibility wurde bei Phoenix Contact festgelegt:

Phoenix Contact bekennt sich im Rahmen der unternehmerischen Verantwortung an allen Standorten zur Corporate Compliance, d. h. zur Einhaltung aller einschlägigen gesetzlichen Regelungen sowie zur Corporate Responsibility, um Menschenrechte zu wahren, Arbeitsnormen einzuhalten und Diskriminierung sowie Zwangs- und Kinderarbeit auszuschließen. Eine aktive Fürsorge für Gesundheit und Arbeitssicherheit der Mitarbeitenden ist integraler Bestandteil der Unternehmenskultur.

---

50   Vgl. Wühle, M. 2019.

12.1   CR – Soziale Verantwortung

Phoenix Contact orientierte sich an den Vorgaben von Global Compact der Vereinten Nationen. Diese sind:

Menschenrechte	
Prinzip 1	Unternehmen sollen den Schutz der internationalen Menschenrechte innerhalb ihres Einflussbereichs unterstützen und achten;
Prinzip 2	sie sollen sicherstellen, dass sie sich nicht an Menschenrechtsverletzungen mitschuldig machen.
Arbeitsnormen	
Prinzip 3	Unternehmen sollen die Vereinigungsfreiheit und die wirksame Anerkennung des Rechts auf Kollektivverhandlungen wahren sowie ferner für
Prinzip 4	die Beseitigung aller Formen der Zwangsarbeit,
Prinzip 5	die Abschaffung der Kinderarbeit und
Prinzip 6	die Beseitigung von Diskriminierung bei Anstellung und Beschäftigung eintreten.
Umweltschutz	
Prinzip 7	Unternehmen sollen im Umgang mit Umweltproblemen einen vorsorgenden Ansatz unterstützen,
Prinzip 8	Initiativen ergreifen, um ein größeres Verantwortungsbewusstsein für die Umwelt zu erzeugen und
Prinzip 9	die Entwicklung und Verbreitung umweltfreundlicher Technologien fördern.
Korruptionsbekämpfung	
Prinzip 10	Unternehmen sollen gegen alle Arten der Korruption eintreten, einschließlich Erpressung und Bestechung.

12.2   Aktivitäten zu CR

Das HR-Management von Phoenix Contact hatte im Pilotprojekt beispielsweise folgende CR-Maßnahmen zunächst in Deutschland realisiert:

1. Hauptschüler der Region wurden zur Ausbildungsreife entwickelt.
2. Kinder aus Familien mit Migrationshintergrund erhielten die Chance, eine akademische Ausbildung zu erlangen.

Wir begannen auch ein aktives Sponsoring zu betreiben. So wurden an Hochschulen in der Nähe von Phoenix-Contact-Werken Lehrstühle und Labore finanziert. Darüber hinaus wurden regionale Vereine der Handball-Bundesliga unterstützt: In Abbildung 53 sehen Sie den TBV Lemgo Lippe, dessen Hauptsponsor Phoenix Contact war.

Abb. 53: TBV Deutscher Pokal Sieger 2021, auch gesponsert von Phoenix Contact

Die Belegschaft war stolz, dass das Unternehmen so ein Sponsoring betrieb – und wir gewannen dadurch auch neue Mitarbeitende: Unser B2B-Unternehmen und die Regionen, in den wir tätig sind, waren einst nicht sehr bekannt. Der Bundesligaverein ist es jedoch und davon profitieren wir auch in der Personalakquisition.

Abb. 54: Zeitungsbericht: Gewinnen von Mitarbeitenden durch Sportsponsoring

Nachdem in Deutschland das erste CR-Pilotprojekt erfolgreich eingeführt worden war, haben wir Corporate Responsibility auch international eingeführt. Die beschriebenen zehn Prinzipien von Global Compact gewannen für uns weltweit Geltung. Im jährlich stattfindenden Manager-Meeting hatte ich das 2006 deklariert und alle weltweiten Niederlassungen aufgefordert, regelmäßig in ihren Ländern soziale Aktivitäten zu ergreifen. Dabei erhielten sie Unterstützung durch HR-Mitarbeitende aus Deutschland. Für je drei Jahre wurden Fokusthemen gewählt: Diese Zeit benötigt man, um nachhaltig Veränderungen vorzunehmen. In den ersten drei Jahren wurden weltweit Maßnahmen zur Qualifikation in den Regionen unserer Niederlassungen umgesetzt. So erhielten beispielsweise für den »xplore New Automation«-Award Studierende an internationalen Hochschulen und Schulen Produkte von Phoenix Contact, aus denen sie neue Entwicklungen gestalten können. Das wurde vom Unternehmen finanziert.

In den darauffolgenden Jahren wurde der Fokus auf grüne Technologie gesetzt. Die Mitarbeitenden haben weltweit Aktivitäten realisiert, um Ressourcen in den Ländern unsere Tätigkeit zu schonen. Das darauffolgende zentrale CR-Thema war Gesundheit. Auch hier wurden weltweit zahlreiche zur jeweiligen Landeskultur passende Aktivitäten entwickelt.

All diese Aktivitäten wurden an die UN berichtet und für jeden Interessenten weltweit transparent auf den UN-Internetseiten unter www.globalcompact.de präsentiert. Dadurch war eine Erfolgskontrolle gewährleistet, dass die CR-Aktivitäten auch umgesetzt worden sind.

In einer Untersuchung von »concern«, einem Unternehmen, das sich primär dem Thema CR widmet, wurden unter wissenschaftlicher Begleitung von Prof. Dr. Dr. Alexander Brink, Universität Bayreuth, 778 deutsche Unternehmen im Hinblick auf ihre CR-Aktivitäten untersucht.[51] Phoenix Contact wurde als eines der Unternehmen bewertet, das seine CR-Aktivitäten am besten umsetzt.

---

51   Vgl. Brink, A. 2020.

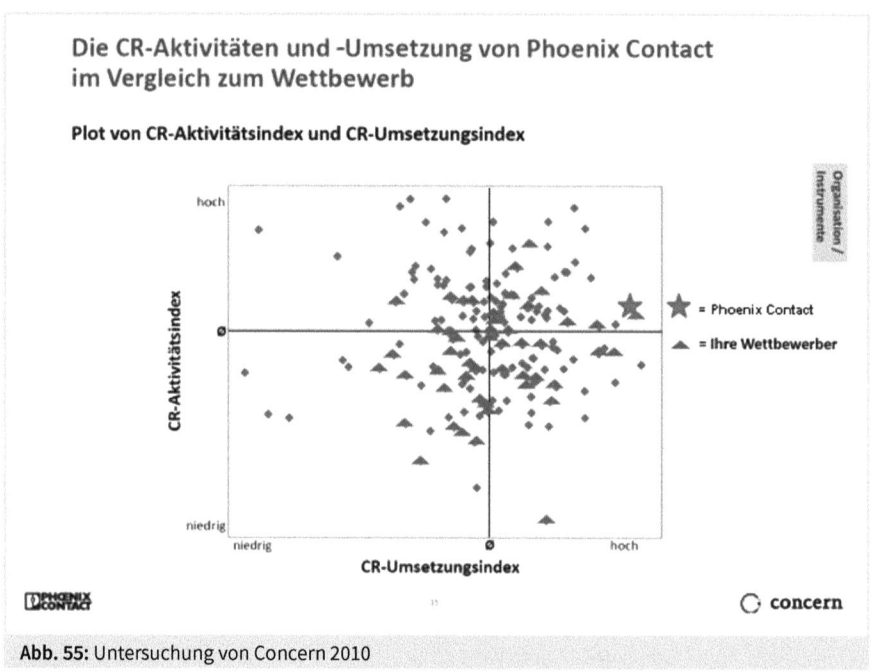

Abb. 55: Untersuchung von Concern 2010

Auch in der Mitarbeitendenbefragung von Top Job wurden die CR-Aktivitäten des Unternehmens von den Mitarbeitenden sehr positiv bewertet.

> Bitte nennen Sie das wichtigste Argument, warum ihr Unternehmen Arbeitgeber des Jahres werden sollte?
> - Das Unternehmen fördert aktiv soziale und gemeinnützige Projekte in der Region, kümmert sich um die Standortförderung und bietet allen Mitarbeitern ein einzigartig gepflegtes Arbeitsumfeld.
> - Die Unternehmensführung trägt offen Verantwortung für Mitarbeiter, Region und Stadt.
> - Der Arbeitgeber zeichnet sich durch gute Menschenführung und eine soziale Verantwortung aus.
> - Es ist ein sehr sozial eingestelltes Unternehmen.

Diese Einschätzungen trugen zu dem Ergebnis bei, dass Phoenix Contact 2011 von Top Job zum besten Arbeitgeber Deutschlands gekürt worden ist.

Zusammenfassend möchte ich betonen, dass eine gelebte Corporate Responsibility das Unternehmen nicht nur für viele Kunden attraktiver macht, sondern sie sich auch positiv auf das Employer Branding auswirkt. Corporate Responsibility ist für Bewerber wichtig, wenn es darum geht, einen Arbeitgeber als attraktiv einzustufen. Mitarbeitende, die ihren Arbeitgeber attraktiv finden, binden sich stärker an ihn, mit der Folge, dass sich die Fluktuation verringert und ein Unternehmen etwa die demografische Herausforderung in Zukunft erfolgreicher angehen kann.[52]

---

52   Vgl. Olesch, G. 2014.

13 Messbarkeit von Unternehmenskultur

Eine exzellente Unternehmenskultur erzeugt ein gutes Arbeitgeberimage. Sie steigert die Arbeitgeberattraktivität insbesondere, wenn es darum geht, qualifizierte und leistungsfähige Mitarbeitende zu gewinnen. Wie zu Beginn dieses Buches erwähnt, habe ich zu Beginn der Neunzigerjahre die Vision aufgestellt:

> Wir sind einer der besten Arbeitgeber – bei Arbeitgeberwettbewerben erreichen wir die ersten drei Plätze.

Sie diente den HR-Mitarbeitenden und dem Unternehmen als Nordstern, zur Orientierung. Warum ist das so wichtig? Phoenix Contact stellt B2B-Produkte her. Da das Unternehmen keine Konsumentenmarke ist, kannte uns einst kaum jemand als Arbeitgeber. Während beispielsweise Microsoft sehr bekannt ist, weil so gut wie jeder täglich mit einem der Produkte arbeitet. Die Marke ist auch deshalb für High Potentials sehr attraktiv. Zudem liegt die Zentrale von Microsoft in München, einer Stadt, die für junge ambitionierte Kräfte als Standort sehr attraktiv ist. Phoenix Contact dagegen hat seine Werke primär in der »Provinz« wie Lüdenscheid oder Bad Pyrmont. Die Zentrale liegt in Blomberg, eine »Stadt« mit nur 16.000 Einwohnern. Das ist für High Potentials nicht gerade der Traumwohnort. Daher sah ich es als besonders wichtig an, Phoenix Contact zu einer exzellenten Arbeitgebermarke aufzubauen, um diese Nachteile zu egalisieren. Denn die jungen ambitionierten Kräfte und High Potentials sind Mitarbeitende, die auch ein Unternehmen wie Phoenix Contact dringend benötigt. Ich bin der festen Überzeugung:

> Der Wettbewerb unter den Unternehmen wird in Zukunft nicht mehr allein durch die Marke der Produkte, sondern auch durch die Marke als Arbeitgeber stattfinden.[53]

Bei den Führungskräften stieß ich damit zu Beginn um 1990 nicht gerade auf große Begeisterung. Ich musste für meine Vision kämpfen. Es war kein Spaziergang, das sollte jeder wissen, der diesen Weg gehen will. Er lohnt sich aber für jedes Unternehmen, denn schließlich kann man aus Steinen, die einem in den Weg gelegt werden, auch Brücken bauen.

---

53 Vgl. Olesch, G. 2012.

13.1 Die demografische Herausforderung

Ich war mir damals der großen demografischen Herausforderung bewusst, denn die Alterspyramide war bereits bekannt (Kap.12.1). Von 2010 bis 2020 standen »nur« 2,6 Prozent weniger Fachkräfte zur Verfügung und man spricht von starkem Fachkräftemangel. Dieser ist jedoch noch harmlos, denn in 2030 wird diese Zahl auf 6,6 Prozent steigen. Das sind fast 2.900.000 weniger Mitarbeitende. Um 2030 werden nämlich alle Babyboomer in Rente sein. Ohne gute Mitarbeitende können kaum neue Produkte und Dienstleistungen entwickelt, hergestellt und verkauft werden. Für viele Unternehmen kann das existenzbedrohend sein.

> Seit 2000 bin ich auch als Honorarprofessor an einer Hochschule tätig. Ich lehre HR-Management im internationalen Masterstudiengang für Ingenieure, Wirtschafts- und Informatikingenieure. Zu Beginn meiner Lehre gab es noch eine recht hohe Arbeitslosenquote bei Akademikern. Das hat sich heute total geändert. Meine Ingenieurstudenten haben in der Regel ein Jahr, bevor sie mit dem Master abschließen, bereits fünf Arbeitsangebote. Sie brauchen sich nicht mehr zu bewerben, Sie können frei auswählen und die Unternehmen müssen sich bei ihnen bewerben.

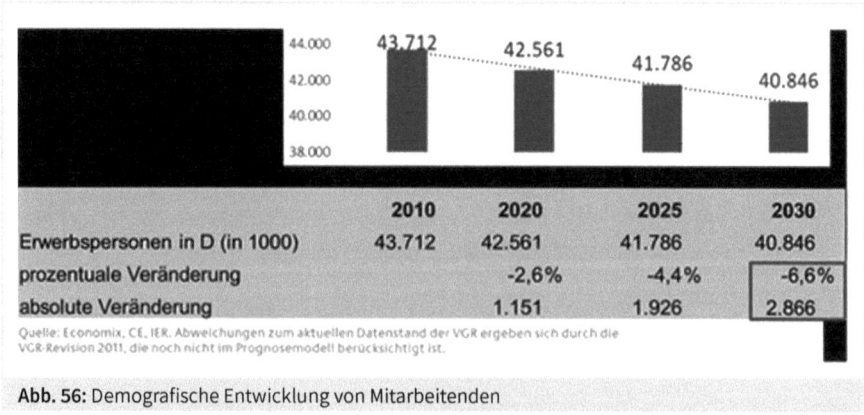

	2010	2020	2025	2030
Erwerbspersonen in D (in 1000)	43.712	42.561	41.786	40.846
prozentuale Veränderung		-2,6%	-4,4%	-6,6%
absolute Veränderung		1.151	1.926	2.866

Quelle: Economix, CE, IER. Abweichungen zum aktuellen Datenstand der VGR ergeben sich durch die VGR-Revision 2011, die noch nicht im Prognosemodell berücksichtigt ist.

Abb. 56: Demografische Entwicklung von Mitarbeitenden

Bewerber wählen Unternehmen aus, die einen guten Ruf als Arbeitgeber haben. Deshalb müssen die Unternehmen heute und vor allem morgen viel mehr Aufwand betreiben, um High Potentials zu gewinnen. Das Arbeitgeberimage wird durch die Zufriedenheit der Arbeitnehmer erzeugt. Wenn Mitarbeitende zufrieden sind, werden sie bei der Teilnahme an Arbeitgeberwettbewerben das Unternehmen besser beurteilen, wodurch es sich in den oberen Rängen platzieren kann. Dadurch wird es von Bewerbern eher wahrgenommen. Aus diesem Grund startete auch Phoenix Contact die Befragung der Mitarbeitenden bereits Mitte der Neunzigerjahre. Wir kannten dadurch ihre Bedürfnisse besser und konnten die Unternehmenskultur darauf ausrichten.

2001 haben wir zum ersten Mal bei Tob Job teilgenommen und unter »ferner liefen« abgeschlossen. Das war zunächst enttäuschend, aber wir erkannten so unsere Schwachstellen und konnten sie verbessern, wie schon in Kapitel 5 beschrieben. Wir benötigten noch zwei weitere Teilnahmen, die wieder Optimierungen der Führungs- und Unternehmenskultur ermöglichten, um unter die ersten zehn Platzierten zu kommen. 2006 schließlich erlangten wir das erste Mal Platz 1 bei Top Job und gleichzeitig beim Bund deutscher Arbeitgeber.

Während bis dahin die Befragung von Mitarbeitenden nur in den DACH-Ländern deutschsprachig durchgeführt wurde, kam ab 2007 Great Place to Work hinzu, wodurch die Befragung in den 54 Ländern, in denen wir aktiv waren, umgesetzt werden konnte.

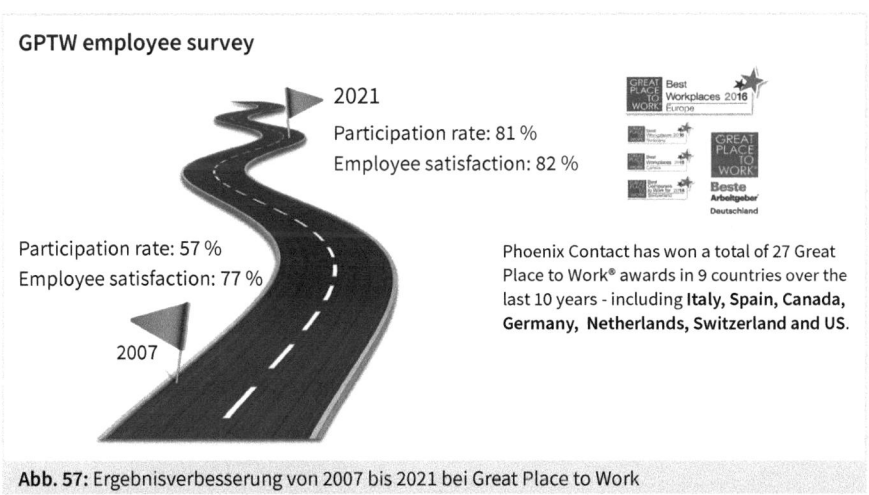

Abb. 57: Ergebnisverbesserung von 2007 bis 2021 bei Great Place to Work

2007 lag die weltweite Teilnehmerquote der Mitarbeitenden bei 57 Prozent und die Zufriedenheit mit Phoenix Contact bei 77 Prozent. Nach sieben weiteren Befragungen alle zwei Jahre lag 2021 die Teilnehmerquote bei 81 Prozent. Das zeigt das gestiegene Interesse der Mitarbeitenden, ihre Meinung zu äußern. Die Mitarbeitenden nahmen die Befragungen und die folgenden Umsetzungen als sehr wertschätzend wahr. Die Zufriedenheit mit Phoenix Contact stieg auf 82 Prozent. Wir gewannen wiederholt bei Great Place to Work nicht nur in Deutschland hohe Platzierungen, sondern auch in Italien, Spanien, Kanada, Niederlande und USA. Im Jahr 2016 und 2018 wurde wir auch in Europa als bester Arbeitgeber durch Great Place to Work ausgezeichnet.

Liebe Leserin, lieber Leser, es braucht einen langen Atem, um eine exzellente Unternehmenskultur zu entwickeln. Es reicht nicht aus, ein- oder zweimal eine Befragung durchzuführen und daraus Aktivitäten abzuleiten. Nachhaltige Optimierungen ergeben sich in Organisationen nur über längere Zeiträume. Wenn Unternehmen bisher noch kein oder nur wenig Engagement in eine exzellente Unternehmenskultur oder Employer Branding investiert haben, sollten sie jetzt starten. Sie benötigen schon ein paar Jahre dafür. 2030 kommt die demografische Abrisskante von ca. 2.9 Millionen weniger Arbeitskräften und das ist schon bald.

13.2   Die Relevanz von Bewertungsplattformen

Im Jahr 2007 entstand Kununu, eine der heute wichtigsten Bewertungsplattformen für Arbeitnehmer in den DACH-Ländern. Zum gleichen Zeitpunkt wurde Glassdoor als internationale Plattform gegründet. Viele Interessenten informieren sich über Kununu, wie zufrieden die Mitarbeitenden eines Unternehmens sind. Danach entscheiden sie sich für eine Bewerbung – oder auch nicht. Wird ein Unternehmen gut bewertet, erhält es zahlreiche Bewerbungen. Wird es schlecht bewertet, bekommt es gerade von High Potentials weniger Bewerbungen.

Die Personalreferenten von Phoenix Contact fragten die Bewerber im Interview, wie sie auf das Unternehmen gekommen sind. Während 2016 71 Prozent antworteten, dass sie sich durch die guten Bewertungen auf Kununu für eine Bewerbung entschieden hatten, waren es 2021 bereits 81 Prozent. Das zeigt das steigende Interesse von Bewerbern, solche Informationen von Bewertungsplattformen für ihre Bewerbungsentscheidung zu nutzen. Darüber hinaus wurden von den Bewerbern auch die guten Platzierungen bei Arbeitgeberwettbewerben wie Great Place to Work, Top Employer, Focus und Top Job genannt.

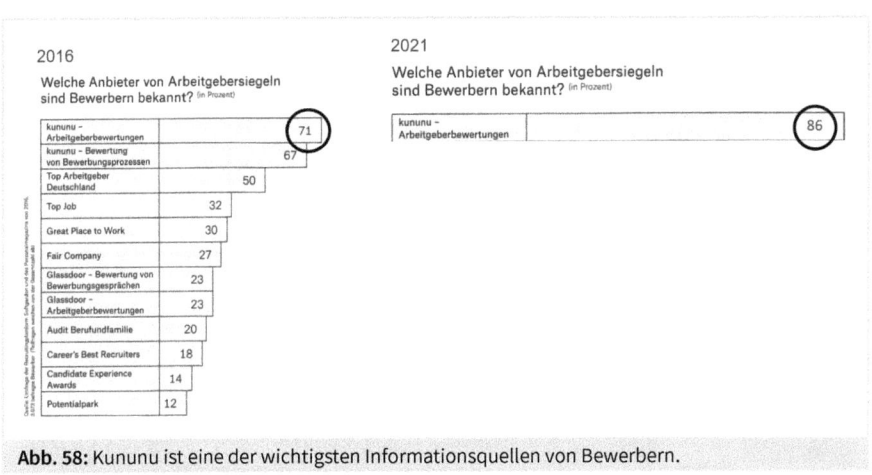

Abb. 58: Kununu ist eine der wichtigsten Informationsquellen von Bewerbern.

Die Kriterien, die auf Kununu von Mitarbeitenden bewertet wurden, sind ähnlich gut wie diejenigen, die wir in unseren Befragungen bei Wettbewerben von Great Place to Work erhielten. Das zeigt, dass all diese Plattformen ähnliche Kriterien in den Unternehmen als wichtig betrachten, was auch die Wissenschaft wie zum Beispiel die Universität St. Gallen in ihren Untersuchungen zu Tob Job bestätigt.[54]

Kriterien der Arbeitgeberbewertung am Beispiel Kununu:
- Vorgesetztenverhalten
- Kollegenzusammenhalt
- Interessante Aufgaben
- Kommunikation
- Weiterbildung
- Arbeitsatmosphäre
- Gleichberechtigung
- Umgang mit KollegenInnen 45+
- Gehalt und Sozialleistungen
- Umwelt- und Sozialbewusstsein
- Work-Life-Balance
- Image

---

54 Bruch, H./Vogel, B., 2015.

Das Internet bietet Bewerbern heute umfangreiche Informationen über die Unternehmenskultur möglicher Arbeitgeber an. Sie können sich mit anderen über die sozialen Medien wie Facebook, Xing, LinkedIn und Instagram darüber austauschen und dezidierte Informationen erhalten, um ihre Entscheidung für eine Bewerbung zu stärken oder zu schwächen.

Abb. 59: Seit 2008 wurde Phoenix Contact bis heute mit 4,1 bewertet.

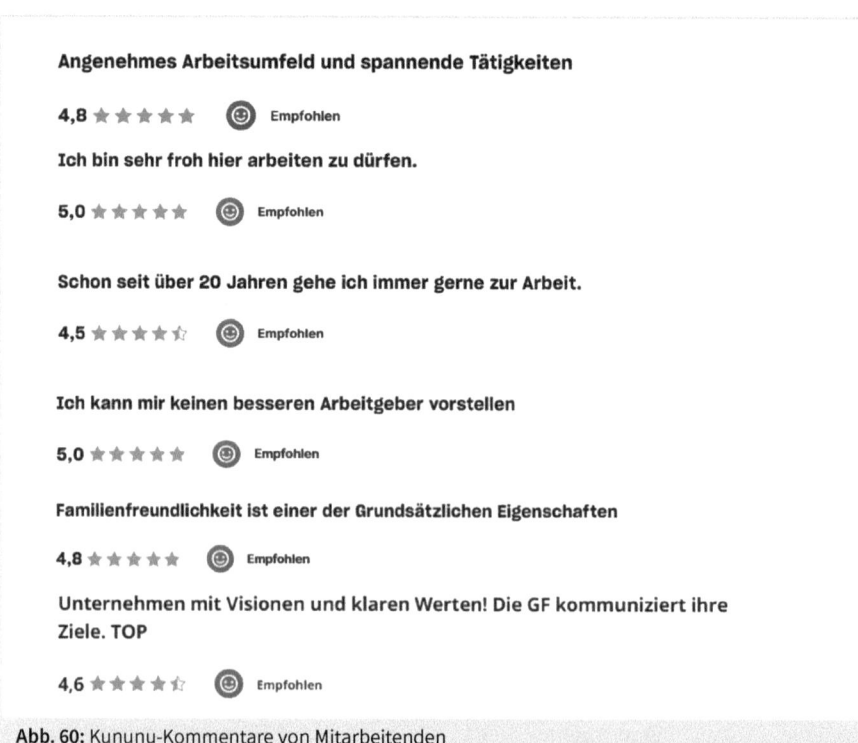

Abb. 60: Kununu-Kommentare von Mitarbeitenden

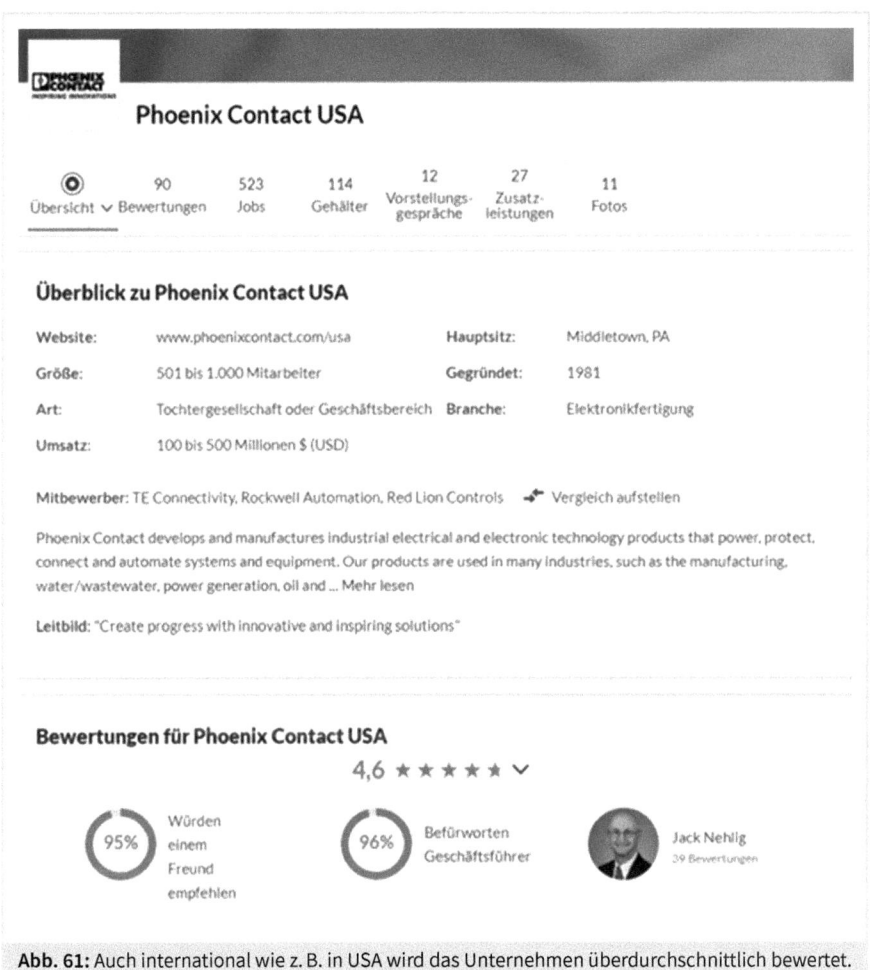

Abb. 61: Auch international wie z. B. in USA wird das Unternehmen überdurchschnittlich bewertet.

13.3   Employer Branding für Bewerber

Bei Kununu wie auch bei Glassdoor bekommt Phoenix Contact seit vielen Jahren überdurchschnittliche Bewertungen von 4,1 und eine Weiterempfehlungsrate von über 80 Prozent mit sehr positiven Kommentaren der Mitarbeitenden.[55] Das ist ein

---

55   Vgl. Lemmer, R. 2011.

hoher Wert, denn insbesondere die für Phoenix Contact typischen gewerblich Beschäftigten im Dreischichtsystem bewerten ihr Unternehmen im Schnitt negativer als Angestellte im Büro. Microsoft dagegen wird auf Kununu trotz diverser bereits genannter Vorteile seit vielen Jahren mit 3,8 bewertet. Dieser Vergleich beweist die Wirkung und Nachhaltigkeit der Unternehmenskultur von Phoenix Contact. Durch das gute Arbeitgeberimage erhielten wir bis zu 1000 Bewerbungen pro Monat. Die Ursache ist allein eine vorbildliche Unternehmenskultur.

13.4   Reduktion der Fluktuation durch Unternehmenskultur

In der jetzigen demografischen Herausforderung gibt es weniger Fachkräfte und diese erhalten häufig interessante Angebote von Headhuntern. Nach meinen Erfahrungen werden primär die besten akquiriert, die einem Unternehmen dann fehlen. Wenn Mitarbeitende zufrieden im Unternehmen sind, werden sie seltener auf Angebote von Headhuntern oder Anzeigen in den sozialen Medien reagieren.

> In meiner Zeit als Geschäftsführer erhielt ich zahlreiche Anrufe von Headhuntern. Sie boten mir Positionen in größeren Unternehmen mit mehr Gehalt und attraktiven Vertragsbestandteilen an. Ich lehnte permanent ab. Das konnten die Headhunter nicht verstehen. Ich erklärte, dass ich bei Phoenix Contact nicht primär wegen des Geldes oder der Vertragsbestandteile tätig sei, sondern weil ich einfach sehr gerne im Unternehmen arbeitete und es mir viel Freude machte.

Ich gehe davon aus, dass viele der angesprochenen Mitarbeitenden Headhuntern abgesagt haben, weil die Fluktuation bei Phoenix Contact bei nur einem Prozent lag. So konnten wir unsere High Potentials halten und mit ihnen unsere Marktführerposition weiter ausbauen.

13.5   Messbarkeit des HR-Erfolgs

HR steht oft wegen seiner Kosten in der Kritik, da seine Wertschöpfung nur schwer in Zahlen darstellbar ist. Deshalb sollte man alle Möglichkeiten wahrnehmen, wo mit akzeptablem Aufwand Messgrößen zur Wertschöpfung ermittelbar sind. Das gilt insbesondere beim Employer Branding, für das ein deutlicher Aufwand erforderlich ist, um eine hohe Mitarbeiterzufriedenheit zu erreichen. Aber gerade hier haben wir bei Phoenix Contact gute Zahlen für die Effizienz von HR präsentieren können. In der folgenden Liste werden die Ziele und dahingehende Benchmarks dargestellt. Wird der maßgebliche Durchschnitt übertroffen, so stellt dies eine positive Wertschöpfung dar.

Messbare Ergebnisse einer exzellenten Unternehmenskultur
1. Gewinnen von qualifizierten Mitarbeitenden
   – Deutsche Unternehmen konnten 2019 nur 74 Prozent des Personalbedarfs erfüllen – Phoenix Contact: **95 Prozent** (Arbeitgeber Metall+Elektro 2019)
2. Binden von qualifizierten Mitarbeitenden
   – 2019 betrug die Fluktuation deutschlandweit 10,8 Prozent – Phoenix Contact: **1,0 Prozent** (Gartner Benchmarking Database 2019)
3. Leistungsfähigere Mitarbeitende
   – Krankenstand Metall-Elektroindustrie 5,5 Prozent – Phoenix Contact: **4,5 Prozent** (Arbeitgeber Metall+Elektro 2019)
4. Unternehmensleistung
   – von 1923 bis 2000 in 77 Jahren auf 0,6 Milliarden Umsatz
   – von 2001 bis 2021 in 20 Jahren auf 3,0 Milliarden Umsatz
   – 500 Prozent Steigerung

Ein Ziel überdurchschnittlicher Unternehmenskultur ist das Gewinnen von Fachkräften. Daher führe ich als erstes Beispiel die Wertschöpfung durch die bessere Personalbeschaffung von Phoenix Contact im Jahr 2019 auf. Die Folgejahre sind nicht repräsentativ, da sie durch Corona ein verzehrtes Bild abgeben. Indem das Unternehmen zu den besten Arbeitgebern gehörte, konnten wir 2019 95 Prozent des Personalbedarfs erfüllen, deutsche Unternehmen konnten dagegen laut Arbeitgeberverband Metall- und Elektroindustrie 2019 nur 74 Prozent besetzen. Mit den neuen High Potentials konnten wir schneller Innovationen auf den Markt bringen als die Marktbegleiter. Darüber hinaus wird ein Teil der Personalmarketingkosten für Internet-Anzeigen und HR-Messen eingespart, da sie nicht mehr im großen Stil notwendig sind.

Als zweites Beispiel für eine HR-Wertschöpfung führe ich die niedrige Fluktuationsrate auf. Bei Phoenix Contact lag sie in 2019 bei einem Prozent, in deutschen Unternehmen bei durchschnittlich 10,8 Prozent laut Institut der deutschen Wirtschaft. Gerade die Neubesetzung von Positionen, die von High Potentials verlassen wurden, ist besonders kostenintensiv. Ich habe die Erfahrung gemacht, dass ein Unternehmen im Durchschnitt drei Jahre benötigt, um einen High Potential für die entstandene Vakanz zu entwickeln.

Der dritte Faktor für eine bessere Wertschöpfung ist der Krankenstand. Bei Phoenix Contact gab es 2019 aufgrund der guten Unternehmenskultur einen Krankenstand von lediglich 4,5 Prozent. In deutschen Unternehmen betrug er laut Arbeitgeber Metall + Elektro 5,5 Prozent. So sind dem Unternehmen durch die bessere Unternehmenskultur weniger Entgeltfortzahlungskosten entstanden und es konnten so Millionen Euro eingespart werden.

Durch die exzellente Unternehmenskultur waren unsere Personalkosten sieben Prozent geringer als in Unternehmen mit einer durchschnittlichen Kultur. Das ist der wirtschaftliche Nachweis, dass exzellente HR-Arbeit und eine überdurchschnittliche Unternehmenskultur den betriebswirtschaftlichen Erfolg eines Unternehmens deutlich mitgestalten.[56] Die detaillierte Berechnung habe ich umfangreich in meinem Buch »Der Weg zum attraktiven Arbeitsgeber« dargestellt.[57]

Diese Zahl von sieben Prozent geringeren Personalkosten spricht für sich und betont die Wirtschaftlichkeit von HR und seinen Aktivitäten. Ausgangspunkt müssen jedoch immer eine starke HR-Vision, die Ermittlung der Bedürfnisse der Mitarbeitenden und direkt daraus abgeleitete Maßnahmen sein. Dabei sind die zu einer exzellenten Unternehmenskultur führenden ethischen Aspekte permanent auch u leben. Ich bin davon überzeugt:

> Ein Unternehmen, das als exzellenter Arbeitgeber geführt wird, ist langfristig erfolgreicher!
> Mitarbeiter fühlen sich gut behandelt und sind bereit, mehr Leistung zu erbringen, wodurch das Unternehmen erfolgreicher wird.

Die Messbarkeit des Erfolges einer guten Führungskultur ist ein entscheidender Schlüssel. Zu Beginn ihrer Einführung gab es bei Phoenix Contact wie erwähnt einiges an Widerstand. Die regelmäßige Mitarbeitendenbefragung wurde von einigen

---

56   Bruch, H., Fischer, J. 2014.
57   Olesch, G. 2016 a.

Managern als starke Belastung gesehen. Daher ist es für das HR-Management wichtig, Überzeugungskraft und »Missionarsgeist« an den Tag zu legen und eine starke Vision zu haben. Sie gibt Kraft, Widerstände zu überwinden und Rückschläge hinzunehmen und immer wieder von Neuem seiner Überzeugung zu folgen.

13.6   Wirtschaftlicher Erfolg

Im Jahr 2001 hat Phoenix Contact sich die Vision gesetzt: Wir sind einer der besten Arbeitgeber. Dazu haben wir die in diesem Buch beschriebenen Aktivitäten umgesetzt. Sie waren kein Selbstzweck von Human Relations, sondern dienten dem wirtschaftlichen Erfolg des Unternehmens. In Kapitel 2.6 habe ich bereits messbare Daten aufgeführt: Phoenix Contact ist 1923 gegründet worden und hat bis 2000 in 77 Jahren einen Umsatz von 600 Mio. Euro erreicht. Ab 2001 haben mein Team und ich den Fokus auf Unternehmenskultur und die Zufriedenheit der Mitarbeitenden gesetzt. In den folgenden 20 Jahren bis 2021 wurde der Umsatz auf fast 3 Milliarden Euro mehr als verfünffacht. Das ist nur mit einer begeisterten Belegschaft zu erreichen, die gemeinsam Höchstleistung erbringt. Seitdem die Erfolge des HR-Management sichtbar und messbar geworden sind, wurden HR-Aktivitäten vom Management und den Mitarbeitenden stärker mitgetragen, wodurch der Prozess der ständigen Optimierung von HR eine Beschleunigung erfahren hat. Dadurch konnten die HR-Strategie und -Aktivitäten schneller und erfolgreicher umgesetzt werden.

14   Der Aufstieg des HR-Managers in die Geschäftsleitung

In diesem Buch habe ich geschildert, wie HR-Strategien und -Aktivitäten aus der Geschäftsleitung heraus besser umgesetzt werden konnten. Jeden Montag fanden Geschäftsleitungsmeetings statt, in denen die wichtigsten Informationen und Maßnahmen ausgetauscht wurden und ich wichtige HR-Akzente einsteuern konnte. die relevanten Unternehmensentscheidungen werden nun einmal im Top-Management getroffen: Ist man kein Mitglied, kann man weniger Einfluss darauf nehmen. Es ist dann auch schwierig, nachteilige Entscheidungen rückgängig zu machen.

Deshalb ist es mir ein besonderes Anliegen, liebe Leserin, lieber Leser, Ihnen zum Ende des vorliegenden Buches meine Erfahrungen zum Weg des HR-Managers in die Geschäftsleitung mitzuteilen: Wie haben sich die Aufgaben und Rollen von HR entwickelt, historisch, aber auch auf die Zukunft bezogen? Wie gelingt exzellente und letztlich visionäre HR-Arbeit? Vieles dazu habe ich bereits in »Der Weg zum attraktiven Arbeitgeber«[58] beschrieben. Da sich an den Tatsachen grundlegend nichts geändert hat, ergänze ich meine entsprechenden Ausführungen vor allem um die hier gewählte Perspektive.

In vielen Unternehmen berichtet der HR-Manager an den CFO. Doch ein CFO hat primär die Zahlen wie Umsatz, EBIT und Cashflow im Fokus, das sind seine wichtigsten Themen. Da HR durch seine Aktivitäten Kosten verursacht, ein CFO diese aufgrund seiner Aufgabe niedrig zu halten hat, kann das dazu führen, dass das HR-Management viele Dinge aus Kostengründen nicht umsetzen und nicht sein gesamtes Potential nutzen kann. Deshalb halte ich diese Berichtslinie für suboptimal.

In einigen Unternehmen berichtet der HR-Manager an den CEO. Das halte ich für die zweitbeste HR-Anbindung. Der CEO muss das Unternehmen primär strategisch ausrichten. Das ist für den HR-Manager günstiger als die CFO-Anbindung. HR sollte aus meiner Überzeugung auch strategischer ausgerichtet sein. Die HR-Maßnahmen, die heute ergriffen werden, zeigen meist erst in weiterer Zukunft ihre Wirkung. Das passt eher zu der Ausrichtung des CEO.

---

58   Olesch 2016a.

Die beste Lösung ist die Positionierung des HR-Managers direkt in der Geschäftsleitung. Nur dann ist auch der Titel Chief Human Relations Officer (CHRO) korrekt verwendet. Der Begriff Chief Officer wurde aus dem Amerikanischen übertragen und bedeutet dort immer eine Position im Top-Management. In Deutschland befinden sich viele HR-Manager auf der zweiten Führungsebene und bezeichnen sich dennoch als CHRO. Der Titel gibt dann mehr vor, als eigentlich dahintersteckt.

Demgegenüber betrachte ich den HR-Manager als Steering-Partner, der das Unternehmen entscheidend mitgestaltet und im Top-Management führt. Folgende Voraussetzungen müssen dafür erfüllt sein:[59]

- HR by excellence und visionäres HR-Management: HR muss durch erfolgreiche Arbeit überzeugen.
- HR-Manager als Steering-Partner: Er muss generalisiertes, unternehmerisches Wissen besitzen, um das Unternehmen mit zu entwickeln und zu steuern.
- Inspiring Leadership und Personality: Der HR-Manager muss für seine Vision und Ideen begeistern können.

14.1   Historie von Human Resources

Ich bin der festen Überzeugung, dass HR heute die Chance hat, in der Wirtschaft einen hohen Stellenwert einzunehmen. Unternehmenspolitik ohne HR ist undenkbar. Ich habe mich als HR-Manager aktiv in Unternehmensstrategien eingebracht, so konnte ich alle personalpolitischen Ziele in einen technisch-ökonomischen und sozial-akzeptablen Ausgleich bringen. Ein modernes, innovatives HR-Management kann dafür geeignete Instrumente einsetzen. Das HR-Management liefert dann einen wichtigen Beitrag, durch eine exzellente Unternehmenskultur das Ergebnis zu steigern und die Leistungsfähigkeit des Unternehmens langfristig zu sichern, wie in Kapitel 2.6 beschrieben. Darüber hinaus trägt es zu einer wirksamen Unternehmensentwicklung bei, die an interne und externe Veränderungen wie zum Beispiel Digitalisierung und New Work angepasst ist. Meine feste Überzeugung ist, dass andernfalls jedes Unternehmen, das auf lange Sicht neben den betriebswirtschaftlichen Aspekten nicht auch den Zielen und Ansprüchen seiner Mitarbeitenden Rechnung trägt,

---

59   Olesch, G. 2021 b.

wegen sinkender Produktivität, erhöhten Fehlleistungen und Personalbeschaffungsproblemen bei steigender Fluktuation seine Existenzfähigkeit einbüßen wird.

Das Handeln der HR-Verantwortlichen darf nicht nur von Reaktionen auf Bedingungen und Gegebenheiten des Marktes geprägt sein. Es muss vielmehr als integraler Bestandteil der Unternehmensführung strategische Belange verfolgen und dabei personalpolitische Aspekte in die unternehmerische Zielsetzung und Entscheidungsfindung einbringen. Schließlich hat das HR-Management die Verantwortung für einen der größten Kostenfaktoren des Unternehmens: In Deutschland sind das zumeist die Personalkosten.

Im heutigen Wirtschaftsgeschehen sind ständige Veränderungen von Technologien, Produkten, Absatzmärkten sowie ein wechselhafter Konjunkturverlauf zu beobachten. Gründe dafür sind Nachfrageverschiebungen, Rezession, Pandemien, Digitalisierung, Wechselkursschwankungen und Unterbrechungen von Lieferketten. Das konnten wir in der Corona-Pandemie wie auch beim Ukraine-Krieg erleben. Diese Situationen verlangen eine fortlaufende Anpassung der Mitarbeitenden eines jeden Unternehmens an neue Gegebenheiten, wie es das Akronym VUCA vortrefflich beschreibt.[60] Um die Wettbewerbsfähigkeit dauerhaft zu sichern, sind die Mitarbeitenden immer ein entscheidender Faktor für den zukünftigen Erfolg eines Unternehmens.

In diesem Zusammenhang ist ein innovatives und flexibles HR-Management besonders gefragt. Es muss in der Lage sein, auf die ständig wechselnden Einflüsse rechtzeitig zu reagieren und personelle sowie unternehmerische Herausforderungen zu meistern. HR hat damit eine entscheidende Gestaltungsfunktion. Dabei kann nur dann wirkungsvolle Arbeit geleistet werden, wenn es gelingt, sich an den situativen Rahmenbedingungen und der gewachsenen Organisationsstruktur eines Unternehmens zu orientieren.

Die veränderten Anforderungen an die Mitarbeitenden hinsichtlich Digitalisierung, Agilität, Innovationsfähigkeit und permanente Qualifikation erfordern eine sich ständig anpassende und flexible Organisation des HR-Managements. Zukunftsweisende Aufgaben können nur effektiv wahrgenommen werden, wenn die HR-Struktur den wechselnden Ansprüchen organisatorisch und aufgabentechnisch gerecht werden kann.

---

60   Vgl. Deaton, A. 2018.

Aus diesem Grund sollten im HR-Bereich alle Aufgaben gebündelt werden, die sich mit den Mitarbeitenden beschäftigen. Eine funktionsfähige Personalinstanz bedarf eindeutiger Zuständigkeiten. Personalrelevante Aufgaben sollten nicht dezentral in verschiedenen Ressorts angesiedelt sein.

> Die zentrale Bündelung von HR-Aufgaben hat den Vorteil, dass keine Kompetenzkonflikte zu anderen Ressorts bei der Realisation von bereichs-übergreifenden Personalmaßnahmen aufkommen und Reibungsverluste die Effektivität einschränken. Das HR-Management kann als geschlossene Einheit bei Bedarf in den Dialog mit dem Betriebsrat treten.

Das HR-Management muss kontinuierlich überprüfen, ob die Inhalte und Gestaltungen der Personalaufgaben den aktuellen Gegebenheiten des Unternehmens und Marktes entsprechen. Man kann heute nicht mehr davon ausgehen, dass ein HR-Management dauerhaft Gültigkeit besitzt, selbst wenn es unternehmensspezifisch implementiert ist.

14.2   Historische Entwicklung von HR-Aufgaben

Welche Aufgaben standen einst und heute im Zentrum von Human Relations? Die Ein-stufung der Personalarbeit nach dem Grad der Wichtigkeit war in den 1980er-Jahren:[61]

1. Zusammenarbeit mit dem Betriebsrat	80 %
2. Personalauswahl	77 %
3. Lohn- und Gehaltspolitik	74 %
4. Personalbeschaffung	72 %
5. Personalentwicklung	68 %
6. Personalbetreuung	65 %
7. Freiwillige betriebliche Sozialleistungen	65 %
8. Personalplanung	62 %
9. Personalbeurteilung	61 %
10. Aktivierung der Mitarbeiter	59 %

---

61   Vgl. Olesch, G. 2020.

Anfang der 1990er-Jahre wurde die Einstufung der Personalarbeit nach dem Grad der Wichtigkeit wie folgt vorgenommen:

1. Personalentwicklung	91 %
2. Personalauswahl	90 %
3. Zusammenarbeit mit dem Betriebsrat	88 %
4. Personalbetreuung	87 %
5. Aktivierung der Mitarbeitenden	86 %
6. Personalplanung	85 %
7. Personalbeschaffung	84 %
8. Personalinformationssysteme	80 %
9. Lohn- und Gehaltspolitik	80 %
10. Personalbeurteilung	79 %

Als Ursachen für diese Veränderungen wurden u. a. neue Technologien (79 Prozent) und Marktveränderungen (79 Prozent) genannt, gefolgt vom Wertewandel bei den Mitarbeitern (69 Prozent). Als eine der zukünftigen Problemaufgaben gaben die Personalmanager u. a. die steigenden Personalkosten (77 Prozent) sowie die marktgerechte Bezahlung (73 Prozent) an. Weiterbildung bzw. Personalentwicklung sind jetzt zu zentralen Aufgaben des Personalmanagers geworden. Weiterhin gehört auch die Personalauswahl dazu. Assessment-Center und effiziente Auswahlinstrumente gehören zum Handwerkszeug des Personalmanagers. Daher werden in modernen, innovativen Unternehmen HR-Manager eingesetzt, die Erfahrungen in diesen Bereichen mit nachweisbarem Erfolg gesammelt haben.

Die folgenden Themen sind aus meiner Überzeugung die zentralen aktuellen und zukünftigen Personalaufgaben:
- Mitwirkung an der Unternehmensstrategie
- Digitale Transformation
- New Work
- Agilität des Unternehmens durch VUCA
- Ausbau der Globalisierung
- Kompensation der demografischen Herausforderung

- Wertewandel der Generationen
- Employer Branding
- Unternehmens- und Führungskultur
- Personalentwicklung und Wissensmanagement

Durch die wachsenden Anforderungen an die HR-Arbeit müssen personalpolitische Instrumente weiterentwickelt und intensiviert werden. Die Geschwindigkeit, mit der die Digitalisierung im administrativen Bereich voranschreitet, muss beschleunigt werden. Diesem muss Rechnung getragen werden, damit auch weiterhin effizient und kostengünstig mit IT-Hard- und -Software gearbeitet werden kann.

Neue Aspekte gesellschaftlicher und personalpolitischer Tendenzen werden Fuß fassen. Die Digitalisierung, der Besitz und die Vermittlung von Informationen werden an Gewicht zunehmen. Mit der digitalen Transformation und dem Wandel der organisatorischen Formen von Unternehmen werden die traditionellen, hierarchischen Unternehmensstrukturen obsolet. Dynamische Formen wie Projekt-management, Netzwerkstrukturen und der Einsatz von Schwarmintelligenz gewinnen an Bedeutung. Die zukünftigen Organisationsformen sollen ein Gleichgewicht zwischen Aufgabe, Mitteleinsatz und Organisationsstruktur aufrechterhalten und eine ausreichende Kommunikation zwischen den Handlungsträgern ermöglichen.

> *Ein Geheimnis des Erfolgs ist, den Standpunkt des anderen zu verstehen.*
> (Henry Ford)

HR muss neben dem visionären Management auch marktgerecht managen und damit die Bedürfnisse seiner Kunden im Unternehmen gut kennen, um optimale Ergebnisse zu erreichen. Der kontinuierliche Kontakt des HR-Managements zur Belegschaft und zu den Führungskräften vor Ort ermöglicht es, die an HR-Dienstleistungen gerichteten Bedürfnisse direkt zu erfahren. Diese traditionelle Methode ist notwendig, bedeutet jedoch Zeit- und Kostenaufwand. Bei Phoenix Contact haben wir stattdessen eine Bedarfsanalyse mithilfe eines »Bedarfsbogens für HR-Aufgaben« erstellt. Dieser Bogen listet Angebote auf, die im Portfolio des HR-Bereichs enthalten sind. Geschäftsleitung und Belegschaft können durch Ankreuzen die verschiedenen HR-Aufgaben gewichten.

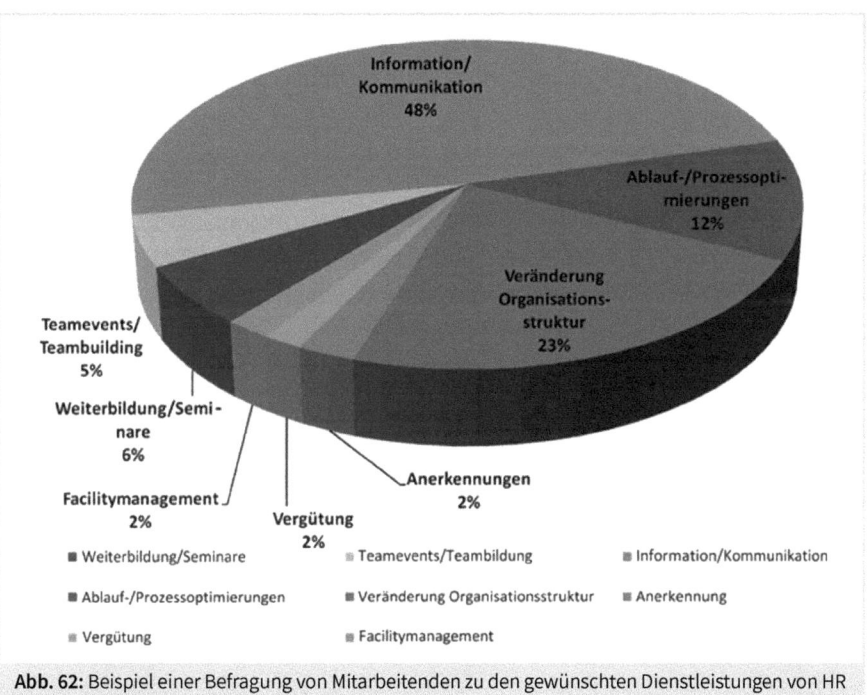

Abb. 62: Beispiel einer Befragung von Mitarbeitenden zu den gewünschten Dienstleistungen von HR

Es wurde ermittelt, welche HR-Angebote bereits im Unternehmen bestehen (Ist-Zustand) und welche verbessert oder neu geschaffen werden sollen (Soll-Vorstellung). In einem Fragebogen wurden die aktuellen HR-Themen aufgeführt. Eine Projektgruppe, bestehend aus HR-Mitarbeitenden, entwickelte die Fragen für den Bedarfsbogen. Die Auswahl der Fragen wurde vom gesamten Fach- und Führungskreis des HR-Ressorts getroffen. Jede Frage wurde um die Bitte nach Verbesserungsvorschlägen ergänzt.

Die Ergebnisse aus der Belegschaftsbefragung wurden im gesamten HR-Ressort diskutiert und analysiert. Aus den zahlreichen Optimierungsvorschlägen wurden Maßnahmen entwickelt. Dabei wurde projektplanmäßig definiert, wer was bis wann mit welchen Mitteln realisiert. Rund 25 Maßnahmen wurden aus den Vorschlägen zur HR-Optimierung abgeleitet und umgesetzt. Markant war der häufig genannte Wunsch, mehr Informationen über die Dienstleistung des HR-Ressorts zu erhalten. Die Personalverantwortlichen waren gerade über diese Wünsche erstaunt, da sie der Meinung waren, dass ausreichend Informationen vorliegen. Diese Divergenz von Selbstbild und Fremdbild besteht in den HR-Einheiten diverser Unternehmen. Das erfahre ich häufig bei der Beratung anderer Unternehmen.

Die abgeleiteten Maßnahmen wurden als verbindliche Punkte in die Jahreszielvereinbarung der einzelnen HR-Einheiten aufgenommen. Gemeinsam wurde auch hier festgelegt, was wer bis wann realisiert. Solche Fragebogenaktionen ließ ich bei Phoenix Contact immer wieder durchführen, damit HR stets auf dem aktuellsten Stand war.

Früher wurden im HR-Bereich unterschiedliche HR-Fachkompetenzen und Verantwortlichkeiten definiert. Während vor dreißig Jahren ein Personalmitarbeitender alle Themen des Ressorts behandelt hat, gibt es heute Experten für einzelne Themen: Digital Transformer, Organisationentwickler, Personalreferenten für Personalbeschaffung und -betreuung, Organisationsentwickler usw. Daraus resultierte der Nachteil, dass die Kunden des HR-Managements, Mitarbeitende wie Führungskräfte, unterschiedliche Ansprechpartner je Personalthema hatten. Zuständigkeiten konnten hin und her geschoben werden, sehr zum Leidwesen der Belegschaft und Führungskräfte.

Die Bildung unterschiedlicher Fachkompetenzen innerhalb des Personalmanagements kann Mauern der Abgrenzung entstehen lassen, sodass der Begriff Abteilung im Sinne von »ab-teilen« verstanden werden kann. Der Kunde muss zwischen den einzelnen Abteilungen hin und her jonglieren, um seinen Auftrag erfüllt oder sein Problem gelöst zu bekommen.

Um die Verstrickung funktionaler Organisationen aufzulösen, ist das Denken und Handeln in Prozessen elementar. Unsere Kunden interessiert nur das Resultat, und ein Resultat steht am Ende eines Prozesses. Funktionale Organisationen des Unternehmens müssen sich in Richtung Prozessorganisationen ausrichten. Dadurch wird der Kunde optimal betreut und schätzt die HR-Dienstleistung. Ein Prozess wird in mehrere Schritte unterteilt. Diese Prozessschritte können ehemalige funktionale Aufgaben sein. Für den gesamten Prozess und damit auch für jeden einzelnen Prozessschritt gibt es für den Kunden einen einzigen Verantwortlichen als Ansprechpartner.

Als Ansprechpartner für die Kunden haben wir 2011 bei Phoenix Contact Prozessverantwortliche entwickelt. Ich nannte sie »One face to the customer« bzw. »HR Faces«. Um die Prozesse optimal zu realisieren, haben sich alle HR-Mitarbeitenden in Teamtrainings auf folgende Verantwortungen geeinigt:
*   Prozessverantwortung
*   Verantwortung dafür, dass ein Prozess so, wie er beschrieben ist, abläuft. Verantwortung für die kontinuierliche Optimierung des Prozesses
*   Prozessschrittverantwortung

- Verantwortung dafür, dass ein Prozessschritt so, wie er beschrieben ist, in jedem Einzelfall von allen Beteiligten durchgeführt wird
- Verantwortung aller Beteiligter
- Alle Mitglieder von Human Relations halten die beschriebenen Prozesse verbindlich ein.

14.3   HR als Business-Partner

Human Resources hat zahlreiche Entwicklungsphasen durchlaufen. Durch das Konzept von David Ulrich ist modernes HR-Management zu einem strategischen Business-Partner geworden:[62]

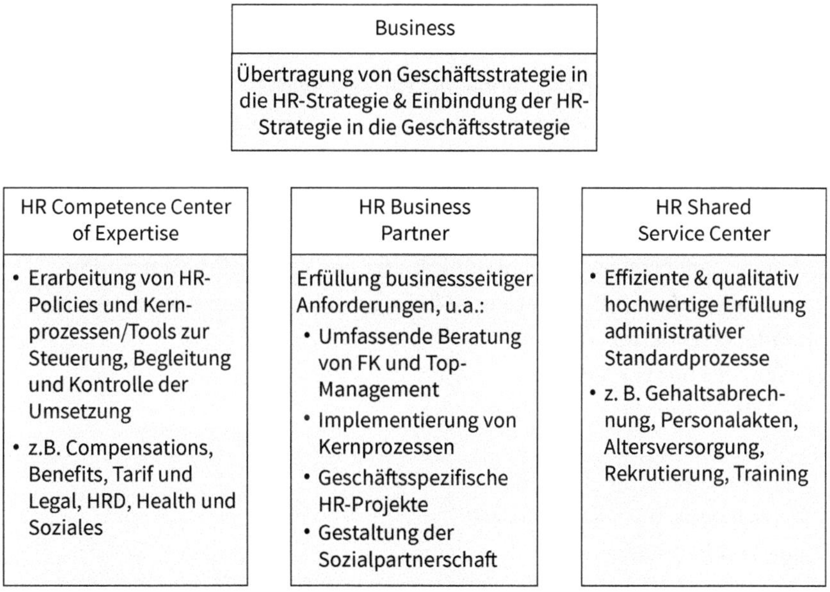

Business		
Übertragung von Geschäftsstrategie in die HR-Strategie & Einbindung der HR-Strategie in die Geschäftsstrategie		
HR Competence Center of Expertise	**HR Business Partner**	**HR Shared Service Center**
• Erarbeitung von HR-Policies und Kernprozessen/Tools zur Steuerung, Begleitung und Kontrolle der Umsetzung • z.B. Compensations, Benefits, Tarif und Legal, HRD, Health und Soziales	Erfüllung businessseitiger Anforderungen, u.a.: • Umfassende Beratung von FK und Top-Management • Implementierung von Kernprozessen • Geschäftsspezifische HR-Projekte • Gestaltung der Sozialpartnerschaft	• Effiziente & qualitativ hochwertige Erfüllung administrativer Standardprozesse • z. B. Gehaltsabrechnung, Personalakten, Altersversorgung, Rekrutierung, Training

Abb. 63: HR-Business-Partner-Modell nach David Ulrich

Drei Einheiten gehören laut Ulrich zum HR-Business-Partner-Modell: Da ist zunächst das HR-Shared-Service-Center. In seinen Aufgabenbereich fallen Standardprozesse

---

62   Vgl. Ulrich, D. 2005.

wie Vergütung, Recruiting und Training. Hier kann mit Service-Level-Agreements zwischen Auftragnehmern und -gebern verhandelt und gearbeitet werden.

Weiterhin gibt es in dem Modell das HR-Competence-Center. Zu seinen Aufgaben gehören die Erarbeitung von Policies und Kernprozessen sowie das HR-Controlling. Operativ bedeutet dies u. a., dass das HR-Competence-Center für tarifliche und gesetzliche Bestimmungen, soziale Aktivitäten und auch das Gesundheitsmanagement zuständig ist.

Die genannten Inhalte fließen in die Einheit HR Business Partner und in die Erfüllung businessseitiger Anforderungen ein. Das sind z. B. die qualitative Beratung von Führungskräften und Top-Management, die Implementierung der HR-Kernprozesse wie auch die Gestaltung der Sozialpartnerschaft.

Ich sehe in der Ableitung des Ulrich-Modells die Entwicklung von dem einstigen Schwerpunkt der HR-Administration zur HR-Strategie. Dazu benötigt das HR-Management folgende Kompetenzen:

- Strategieentwicklung – HR-Strategiereview und Management der Strategien
- Performance Management – Leistungssteuerung und Managementqualität
- Personalentwicklung – Leistungsaudit, Weiterbildung, persönliche Entwicklung
- Change Management – Veränderungskultur und digitale Transformation
- Kontinuierliche HR-Optimierung – Effizienzsteigerung und Bürokratieabbau
- Kundenorientiertes Handeln
- Pragmatisches Vorgehen
- HR-Tätigkeiten standardisieren
- Qualität liefern
- Businessorientierung erhöhen
- Strategischen Wertbeitrag liefern
- Wirtschaftlich handeln

Es ist zweifelsfrei wichtig, einen höheren Strategieanteil im gesamtunternehmerischen Sinn zu gewinnen. »Vom Verwalter zum Gestalter« oder »vom Getriebenen zum Treibenden« lauten Aussagen des letzten Jahrzehnts.[63] In Zukunft sollten die Aufgaben des HR-Managers zu 40 Prozent aus Unternehmens- und Personalstrategie

---

63   Vgl. Olesch, G. 2013 d.

bestehen. Weitere 40 Prozent sollten Konzepte erstellen, Beraten und Betreuen und 20 Prozent nur noch Administration sein.

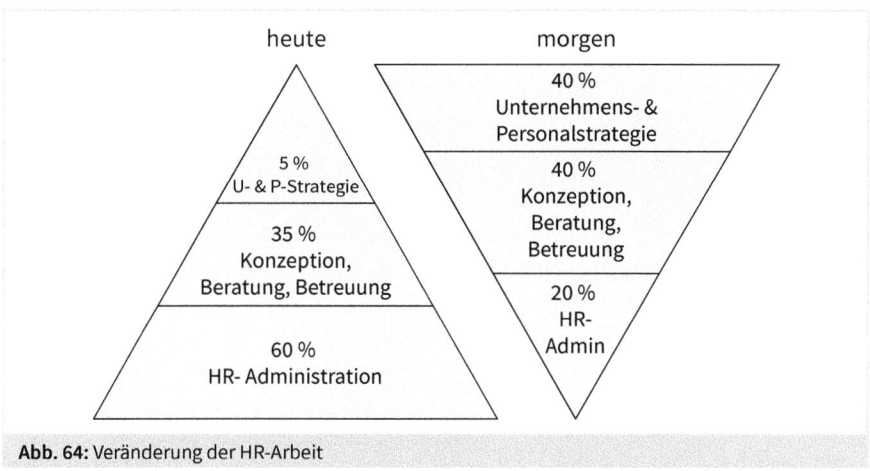

Abb. 64: Veränderung der HR-Arbeit

14.4   Historische Entwicklung von HR in die Geschäftsleitung

Mitte der 1970er-Jahre zogen viele Personalleiter in die Vorstands- oder Geschäftsleitungsetagen größerer Unternehmen ein. Dies wurde durch § 33 des Mitbestimmungsgesetzes unterstützt. Der Arbeitsdirektor wurde als gleichberechtigtes Mitglied der Unternehmensleitung bestellt. Seine Aufgaben übte er in engster Abstimmung mit dem Top-Management aus. Viele Unternehmen, besonders solche, die der Montanmitbestimmung unterlagen, schlossen sich dem Trend an. Aus dem einstigen Leiter der Personalverwaltung sollte ein Gestalter und Unternehmenspolitiker mit weitreichender strategischer Ausrichtung werden. Mitwirkung in der Geschäftsleitung prädestinierte den Arbeitsdirektor, an entscheidender Stelle personalpolitische Entscheidungen im Sinne des Unternehmens und der Mitarbeitenden zu treffen. Seine Funktion wurde in den 1980er-Jahren z. T. auch in die mittelständischen bzw. privaten Unternehmen übertragen.

In der Unternehmensleitung waren zum Teil folgende Funktionen vertreten:

Entwicklung – Produktion – Vertrieb – Finanzen – Personal

Leider konnte man Ende der 1980er- und Anfang der 1990er-Jahre einen eindeutigen Rückschritt dieser Entwicklung beobachten. Die Position des Arbeitsdirektors verschwand zum Teil. Dort, wo ein Arbeitsdirektor in Pension ging oder das Unternehmen verließ, wurde seine Aufgabe von einem anderen Vorstands- oder Geschäftsleitungsmitglied übernommen oder das Personalressort wurde demjenigen Mitglied der Unternehmensleitung, das für Finanzen zuständig war, unterstellt. Gerade ein Finanzchef sieht jedoch Personal vor allem als einen Kostentreiber. Die strategische Ausrichtung des Personalmanagements war nicht so bedeutend. Es ging weniger darum, wie man die Qualität und Motivation der Mitarbeitenden entwickeln kann, sondern darum, wie man Personal und seine Kosten reduzieren kann. Mittel für Personalentwicklung, Ausbildung und Investitionen in die Belegschaft wurden restriktiv behandelt. Dieser Trend wurde zudem von der gegen Ende der 1990er-Jahre in Deutschland allgemein wirtschaftlich stagnierenden Entwicklung verstärkt. Sie war aber nicht der primäre Grund, weshalb Personalmanager auf Geschäftsleitungs- und Vorstandsebene selten wurden. Was waren die relevanten Aspekte dafür?

14.5   HR-Manager als Business-Partner

Mitte der 1990er-Jahre entwickelten einige Personalverantwortliche die Strategie, den Führungskräften im Unternehmen bei allen HR-Themen primär als Berater zur Verfügung zu stehen. Um diese Rolle zu unterstreichen, betrachtete man sich als Business-Partner im Unternehmen wie von Ulrich definiert. Auf vielen Kongressen wurde dieser Fokus den Personalverantwortlichen als der zukünftige Trend aufgezeigt.

Meine Überzeugung ist, dass dabei der Aspekt und Nachteil nicht genügend in Betracht gezogen wurde, dass ein Berater bzw. Business-Partner nie den unternehmerischen Einfluss besitzt wie ein Top-Manager. Er berät, gibt Empfehlungen, aber leitet nicht die Geschicke eines Unternehmens. Durch diesen Ansatz katapultierte sich das Personalmanagement aus der einstigen Topführungsposition und gab den entsprechenden unternehmerischen Einfluss auf.

14.6   HR-Manager als Spezialist

Ich sehe einen weiteren Faktor, der ebenfalls die Schwächung des Arbeitsdirektors unterstützte. Viele Personalmanager sahen sich als Spezialisten auf ihrem Gebiet.

Sie qualifizierten sich ständig durch neues HR-Know-how, sei es im Hinblick auf New Work, Personalentwicklung und Work-Life-Balance. Ich habe es erlebt, dass auf der Ebene der Unternehmensleitung weniger Detailwissen im jeweiligen Fachgebiet verlangt wird, sondern generalistisches, unternehmerisches und strategisches Wissen sowie Handeln.

Bei Führungskräften herrscht häufig die Meinung, man könne beim Thema Human Relations kompetent mitreden. Führungskräfte z. B. aus dem Vertrieb meinen zu wissen, wie man die richtigen Bewerber auswählt und einstellt. Führungskräfte der Produktion meinen, sie wüssten im Detail, wie man Mitarbeitende gut motiviert und führt. HR-Manager sind dagegen selten in der Lage, in anderen Themenfeldern außer in HR mitreden zu können. Personalmanager haben sich auch kaum generalistisches Know-how angeeignet, um Kollegen aus anderen Fachbereichen qualifiziert mit Rat und Tat zur Verfügung zu stehen. Ich kann bestätigen, dass der, der fachübergreifend und generalistisch in der Unternehmensleitung aktiv mitredet und mitgestaltet, eine Funktion in diesem wichtigsten Gremium erfolgreich besetzen kann. Indem ich neben Human Relations auch Information Technology und Facility Management übernommen habe, wurde ich im Unternehmen mehr als Generalist gesehen und fand mehr Akzeptanz. Ich kann Ihnen, liebe Leserin und lieber Leser, wärmsten empfehlen, so etwas anzustreben.

14.7   HR-Manager als Kostentreiber

Es gibt einen weiteren Punkt, der die Funktion des Personalmanagers in der Unternehmensleitung erschwert. Der Vertriebskollege kann z. B. von positiven Zahlen wie Umsatzsteigerung und Marktwachstum berichten. Der Produktionskollege kann über Reduzierung von Durchlaufzeiten und Steigerung der Produktivität sprechen. Der Personalmanager kann dagegen zumeist nur Kosten wie z. B. Gehälter, Tarifsteigerungen, Qualifizierungskosten präsentieren, da die Effizienz seiner Arbeit zur Wertschöpfung des Unternehmens schwierig in Zahlen nachzuweisen ist. Ich bin der Überzeugung und habe erfahren können, dass wir HR-ler einige Zahlen zur Effizienzsteigerung und Kostenreduktion präsentieren können, was ich in Kapitel 14 beschrieben habe. Aspekte wie Wertschöpfung durch geringere Fluktuation und Bindung von eigenen Mitarbeitenden, Krankenstandreduktion und schnellere Gewinnung von neuen hoch qualifizierten Mitarbeitern kann man allerdings stichhaltig beweisen.

14.8 Der nüchterne HR-Manager

Viele Personalmanager möchten primär fachlich, sachlich und nüchtern wirken. Das ist sicherlich auch notwendig, reicht aber nicht aus, um eine starke Position in der Unternehmensleitung einzunehmen. Nicht selten werden sie hinter vorgehaltener Hand nach wie vor als Personalverwalter betitelt, auch wenn sie sich selbst als Gestalter sehen. Betrachtet man dagegen Vertriebs- oder Marketingmanager, so kann man konstatieren, dass sie häufig mehr Begeisterungsfähigkeit und Esprit besitzen, gerade weil sie dadurch, abgesehen von ihrer fachlichen Kompetenz, den Kunden für das Unternehmen gewinnen und begeistern müssen. Da der Aktionsbereich des HR-Managers eher nach innen ins Unternehmen gerichtet ist, hat er weniger Übung darin, emotional überzeugend aufzutreten. Eine begeisternde Persönlichkeit gehört jedoch dazu, um sowohl die Kollegen aus der Unternehmensleitung als auch die Mitarbeitenden für sich und seine Aktivitäten zu gewinnen.

15 Die HR-Organisation

Welche HR-Organisation benötigt ein modernes Human Relations, um hohe Akzeptanz zu finden und in die Geschäftsleitung aufgenommen zu werden. Für HR-Manager sind Denken und Handeln in Prozessen elementar. Die HR-Organisation des Unternehmens muss sich darauf ausrichten. Der Kunde will für alle HR-Themen einen Ansprechpartner. Dieser ist verantwortlich, seine Aufträge und Bedürfnisse zu erfüllen. Wie bereits erwähnt sind »One face to the customer« bzw. »HR Face« Schlüsselworte. Eine exzellente HR-Dienstleistung richtet sich danach aus und der HR-Manager erhält die Möglichkeit, Steering-Partner im Unternehmen zu werden.

Aber nicht nur die Performance der HR-Dienstleistung ist ausschlaggebend. Um als Steering-Partner wirken zu können, muss das HR-Management vor allem strategisch und visionär mitwirken. Das ist nur möglich, wenn es in die verschiedenen Strategieentwicklungen der Unternehmenseinheiten personell eingebunden ist. In vielen Unternehmen existieren z. B. nicht mehr die klassischen Entwicklungs-, Produktions- und Vertriebsabteilungen für sich. Man hat sich hin zum Kunden in Form von agilen Geschäftsfeldern und Business Areas ausgerichtet. Dazu gehören jeweils Entwicklung, Produktmarketing, Produktion und Vertrieb. Diese Business Areas können als legale Einheiten wie eine GmbH oder als Cost- oder Profitcenter aufgebaut sein. Auf jeden Fall begleiten sie ihren externen Kunden von seinem ersten Bedürfnis für ein neues Produkt bis zur Massenfertigung. Unterstützt werden die Business Areas von Zentralfunktionen wie z. B. Informatik, Controlling und Human Relations.

So kann ein Unternehmen über Business Areas verfügen, die nach Kundenbranchen ausgerichtet sind. Das Management einer Business Area bei Phoenix Contact hat jeweils einen embedded HR-Manager für alle HR-Aktivitäten. Er bzw. sie ist das Gesicht von HR und wird daher »HR Face« genannt. Der eigentliche Aufgabenschwerpunkt des HR Face liegt in der strategischen Mitwirkung bei allen HR-Themen der Entwicklung von Business Areas sowie bei deren operativer Umsetzung. Das HR Face nimmt an den meisten Terminen und Sitzungen des Business-Area-Managements teil. Es soll in alle kunden-, entwicklungs- und produktionsrelevanten Themen HR-Strategien einbauen und HR-Aktivitäten einleiten. Es ist Sparringspartner für die Business-Area-Manager. Dabei findet eine permanente Kommunikation zwischen beiden statt. Das Verständnis von HR-Mitarbeitenden für Prozesse anderer Unternehmensbereiche kann enorm wachsen. Das HR Face und sein Team sind aber auch für operative HR-Aufgaben zuständig.

Das HR Face befindet sich mit den zuständigen HR-Referenten auch räumlich dort und ist embedded, wo die Arbeit in den Business Areas geleistet wird. Dadurch ist eine schnelle Reaktionsfähigkeit gewährleistet und es werden rechtzeitig HR-Belange berücksichtigt und realistische Aktivitäten umgesetzt. Wenn die HR-Mitarbeitenden embedded und vor Ort sind, bekommen sie zudem eher die Stimmungen und Belange, die dort herrschen mit und können schneller darauf reagieren und damit erfolgreichere HR-Arbeit leisten.

Das HR Face ist Ansprechpartner des Business-Area-Managements für alle HR-Belange und wirkt bei allen Themen des »Strategieteams« des Geschäftsfeldes mit:
- Mitgestaltung der Geschäftsfeldstrategie
- Personalplanung und -controlling für das Geschäftsfeld
- Nachfolgeplanung und Potentialentwicklung
- Besetzung aller nationalen/internationalen Positionen
- Impulsgeber, Projektleiter/Mitwirkung bei HR-Projekten
- Weiterentwicklung der jeweiligen Organisation
- Prozess- und Umsetzungsverantwortung für HR-Maßnahmen in Abstimmung mit den jeweiligen Standortpersonalverantwortlichen
- Betreuung der Business-Area-Mitarbeiter vor Ort

> Das HR Face entwickelt gemeinsam mit den Business-Area-Managern deren HR-Strategie und setzt die dafür notwendigen Aktivitäten um. Es ist für die rechtzeitige Erfüllung der Business-Area-Aufträge strategisch und operativ verantwortlich.

Die Anforderungen für die HR Faces sind aufgrund der strategischen Komplexität recht anspruchsvoll:
- Exzellente strategische Kompetenz
- Business-Kompetenz
- Beste Berufserfahrung in HR-Management, Organisationsentwicklung oder vergleichbarem Umfeld
- Sehr gute Vernetzung im Unternehmen
- Verhandlungssicheres Englisch
- Hohe soziale und interkulturelle Kompetenz
- Ausgeprägte Methodenkompetenz
- Überzeugungsvermögen und Verhandlungsgeschick

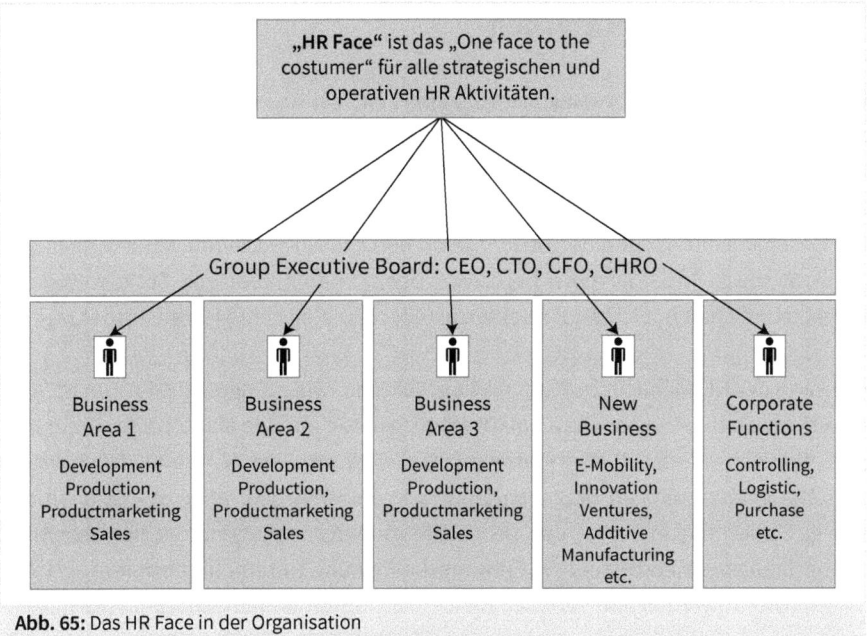

Abb. 65: Das HR Face in der Organisation

Die HR Faces hatte ich organisatorisch bei dem internationalen HR-Manager angebunden, der an mich berichtete. Es bestand das Bestreben der Business-Area-Manager, die HR Faces bei sich anzubinden. Dagegen hatte ich mich stets gewehrt, da die Gefahr bestand, dass eine einheitliche Unternehmenskultur zu Ungunsten verschiedener Business-Area-Kulturen verloren gehen kann. Aus meiner Sicht kann es nur einheitliche Führungsleitlinien und ein Kompetenzmodell geben, für das final die gesamte Geschäftsleitung verantwortlich ist. Aus meiner Überzeugung ist dies primär eine Hauptaufgabe für den HR-Geschäftsführer wie Strategie für den CEO, Finanzen für den CFO und Technik für den CTO ist.

15.1   HR-Management als Steering-Partner

Was sind die entscheidenden Faktoren, damit man als HR-Manager zum Steering-Partner in der Unternehmensleitung wird:

1. Exzellente HR-Arbeit
2. Generalistisches Handeln
3. HR-Face-Organisation
4. »Begeisternder« HR-Manager

15.2   Exzellente HR-Arbeit

Voraussetzung für eine exzellente HR-Arbeit ist, ein exzellentes HR-Management zu führen. Alle wichtigen und innovativen Themen von HR müssen erfolgreich realisiert sein. Sie müssen dabei strikt am Bedürfnis des Unternehmens ausgerichtet sein. Und die Bedürfnislage ist vielfältig. So muss der HR-Manager die Interessen von Geschäftsleitung, Inhabern oder Aktionären, Führungskräften, Mitarbeitern, Betriebsrat sowie Sozialpartnern berücksichtigen. Shareholder und Stakeholder mit unterschiedlichen Ansichten zufriedenzustellen, ist eine echte Herausforderung.

Wie kann der HR-Manager messen und nachweisen, wie erfolgreich sein Tun ist? Wie bereits erwähnt, bestehen Benchmark-Möglichkeiten mit den Marken wie »Great Place to Work« vom Great-Place-to-Work-Institut, »Top Job« von ZEAG und »Top Employers«. Diese Unternehmen diagnostizieren u. a. die HR-Arbeit. Aber das ist nicht das einzige Bewertungsmerkmal, denn Konzepte können gut klingen, kommen aber nicht zwangsläufig bei Mitarbeitenden, Führungskräften und Unternehmensleitung an. Aus diesem Grund werden von seriösen Benchmark-Unternehmen Mitarbeitendenbefragungen durchgeführt. Hier zeigt sich nun, ob die HR-Konzepte auch ankommen und realisiert sind. Dabei werden die in Kapitel 5 beschriebenen Mitarbeitendenbefragungen durchgeführt und daraus dezidierte Verbesserungsmaßnahmen abgeleitet[64].

Bei Phoenix Contact wurden Untersuchungen zum Thema Unternehmenskultur bereits Mitte der 1990er-Jahre durchgeführt. Dadurch, dass Phoenix Contact zwölfmal bester Arbeitgeber geworden ist, wurde der Nachweis einer exzellenten HR-Arbeit von wissenschaftlicher und neutraler Stelle bestätigt. Auch die Ergebnisse der Arbeitnehmerplattformen Kununu und Glassdoor haben das bestätigt. Das führte zu einem guten Arbeitgeberimage und einer guten Reputation des HR-Managements im Unternehmen.[65] Somit wurde eine wichtige Voraussetzung erfüllt, nämlich eine exzellente HR-Arbeit zu leisten, um als Steering-Partner wirken zu können.

Fazit:
Ich bin der Überzeugung, dass der HR-Manager sich nicht mit der Rolle eines Beraters für die Unternehmensleitung, nicht mit dem Status eines Offiziers, sondern mit

---

64   Vgl. Bruch, H., Fischer, J./Färber, J. 2015.
65   Vgl. Lemmer, R. 2011.

der Stellung eines Kapitäns auf der Brücke zufriedengeben sollte. Von der Position der Unternehmensleitung aus kann er erfolgreichere Konzepte von Human Relations realisieren, die das Unternehmen nach vorne bringen und dessen Zukunft sichern und ausbauen. Das habe ich persönlich erfahren. Natürlich gehört dazu viel Mut. Mut, wichtige unternehmensstrategische Entscheidungen zu treffen und sie in der Unternehmensleitung und dem Management zu vertreten und durchzusetzen.

15.3   Generalistisches Denken und Handeln

Um ein Unternehmen mitzusteuern, reicht es nicht allein aus, gute HR-Arbeit zu leisten, sondern man muss vor allem generalistisch agieren. Häufig bringen sich wie erwähnt z. B. Vertriebs- oder Produktionsverantwortliche in die Arbeit der HR-Manager ein und machen beispielsweise Vorschläge zur Optimierung der Mitarbeiterauswahl oder des Mitarbeitertrainings. Selten aber richten HR-Manager kompetente Handlungsvorschläge an den Vertrieb oder die Produktion. HR-Manager arbeiten primär daran, ihre HR-Kernkompetenz auszubauen. Das allein reicht nicht aus, um Steering-Partner zu werden. Sie müssen über den Tellerrand ihres Fachgebietes hinaus aktiv werden.

> Der HR-Manager muss sich in Themen wie Produktion, Entwicklung, Vertrieb, Marketing, Finanzen, Unternehmensentwicklung, Digitalisierung und Industrie 4.0 einarbeiten, um als generalistisch kompetenter Partner von der Unternehmensleitung akzeptiert zu werden.

Der HR-Verantwortliche muss vermehrt auf die Bedürfnisse von externen Kunden seines Unternehmens eingehen. Klassische Kundenanforderungen sind, passende und innovative Produkte sowie Lösungen zum gewünschten Zeitpunkt mit entsprechender Qualität und dem adäquaten Preis-Leistungs-Verhältnis weltweit zu erhalten. Um wettbewerbsfähig zu sein, müssen diese Bedürfnisse besser erfüllt werden als von den Marktbegleitern. Von den Kunden und vom Markt aus gesehen sollte der HR-Manager die Strategie des Unternehmens mit ableiten und weiterentwickeln. Dafür benötigt er Kenntnisse über Markt-, Kunden- und Produktentwicklung.

> Ein HR-Manager muss ein Unternehmen immer vom Markt und Kunden her entwickeln.

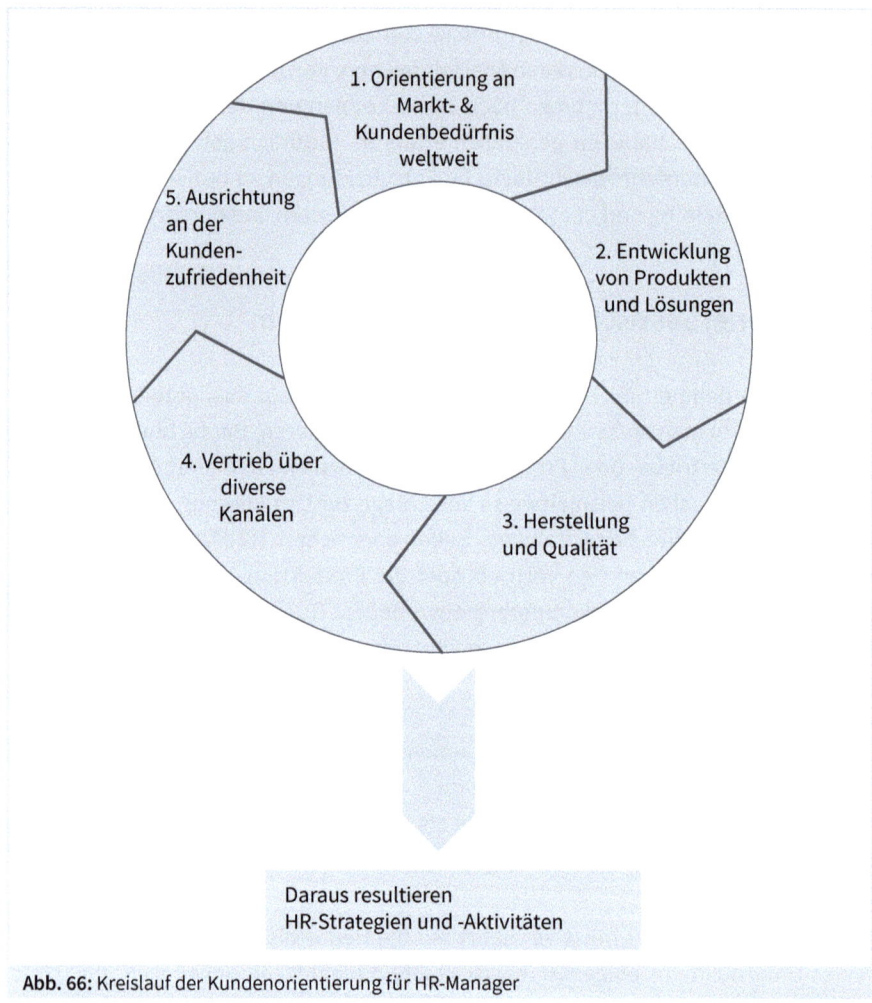

Abb. 66: Kreislauf der Kundenorientierung für HR-Manager

Diesen Kreislauf sollte sich der HR-Manager zu Herzen nehmen. Nur wenn dieser von einem Unternehmen optimal erfüllt wird, kommen entsprechender Umsatz und EBIT (earnings before interest and taxes) zustande. Voraussetzung ist, den Markt zu verstehen und die daraus resultierenden Unternehmensstrategien erfolgreich mit zu entwickeln. Zur strategischen Zielplanung gehören Unternehmenspolitik und Unternehmensleitbild. Daraus werden Unternehmens- und Geschäftsbereichsstrategien abgeleitet. Zur Letzteren gehört die HR-Strategie. Alles kann der HR-Verantwortliche mitgestalten, wenn er markt- und kundenbezogen denkt und handelt.

Ganzheitliche Unternehmensstrategien sollten sein Ziel sein. Der moderne HR-Manager sollte über die Aufgaben von HR hinaus weitere Schlüsselfunktionen innerhalb der Geschäftsleitung übernehmen. So habe ich es bei Phoenix Contact angestrebt. Zu meinen Verantwortungen gehörten nicht nur Human Relations, sondern auch Information Technology und Facility Management. Die drei Bereiche sind gerade bei der digitalen Transformation und New Work besonders entscheidend. Ich habe dafür folgende Prämissen formuliert:

> Human Relations bietet Mitarbeitenden Maßnahmen an, um mit Unsicherheit und Komplexität in der digitalen Transformation umzugehen und dies mit Mut und Kreativität zu tun. Leadership Principles, Kompetenzmodell und mobiles Arbeiten sollen das unterstützen. HR gewinnt, begleitet und entwickelt begeisterte Menschen und schafft Rahmenbedingungen, um den globalen Erfolg der Unternehmensgruppe zu fördern.
> Information Technology bietet ortsunabhängige Arbeit mit Tools für die Zusammenarbeit wie Office 365, Cloud-Szenarien und Mobilgeräten an. Sie agiert als globaler Service Provider für die Unternehmensgruppe. Die IT verantwortet die Weiterentwicklung der zentralen Anwendungen und ermöglicht digitale Innovationen als Partner der Fachbereiche.
> Facility Management entwickelt die Gestaltung von Co-Working-Spaces, um mehr Kreativität, Zusammenarbeit und Effizienz der Mitarbeitenden zu ermöglichen. Gebäude und Produktionsanlagen der Unternehmensgruppe sowie integrierte Inhalte, Systeme und Prozesse sind kontinuierlich einsatzbereit und funktionsfähig sowie derart gestaltet, dass sie der digitalen Transformation jederzeit gerecht werden.

Ich habe erlebt, dass der HR-Manager, der auch andere Verantwortlichkeiten außer HR im Unternehmen wahrnimmt, im Unternehmen generalistischer und mit breiterer Kompetenz wahrgenommen wird. Er gewinnt so mehr Akzeptanz, was seine Position in der Unternehmensführung festigt.

Fazit:
Eine wesentliche Voraussetzung ist es, Know-how in anderen Managementthemen zu besitzen. So sollte sich der HR-Manager in Themen wie Produktion, Entwicklung, Marketing und Vertrieb oder Controlling einarbeiten. Hier wird von ihm zwar kein Detailwissen verlangt, aber er muss über Kenntnisse hinsichtlich der Themen verfügen, die die allgemeine Unternehmensführung tangieren. Er sollte sich auf ein generalis-

tisches Know-how ausrichten und sich von seinem Personaldetailwissen ein wenig distanzieren. Initiative und Mut gehören ebenfalls dazu, um mit anderen Mitgliedern der Unternehmensleitung kompetent Unternehmensstrategien zu gestalten.

> Dabei ist es wichtig, mit dem Kopf über die Wolken zu sehen und mit den Füßen stets auf dem Boden zu stehen.

Video: Interview zum HR-Steering-Partner, Messe Personal 2020

15.4 Die Persönlichkeit des HR-Managers

Exzellente HR-Arbeit und generalistisches Handeln sind zwei grundsätzliche Erfolgsfaktoren, um sich vom Business-Partner zum Steering-Partner zu entwickeln. Dazu gehören eine hohe HR-Kernkompetenz, aber vor allem auch ausgeprägte Fähigkeiten in General Management und Unternehmensentwicklung. Der HR-Manager muss visionär denken und handeln. Dabei muss er die Megatrends im Auge haben und sich fragen, wo wird die Welt in zehn und 20 Jahren sein und welchen Beitrag kann HR dabei leisten?

In den vorherigen Kapiteln ging es primär um rationale Faktoren. Um ein gutes HR-Produkt auf dem internen Markt erfolgreich zu realisieren, bedarf es aber auch einer überzeugenden Begeisterungsfähigkeit sprich transformationaler Führung. Um Steering-Partner zu sein, sind politisches und psychologisches Geschick unbedingte Voraussetzungen. Der HR-Manager muss sich eine Vision geben und davon überzeugt sein, damit er das gesamte Management dafür gewinnen kann. Dafür ist Ausdauer und Resilienz eine wichtige Voraussetzung. Man benötigt sie besonders, wenn man von der Rolle des Business-Partners zum Steering-Partner wechselt. Begeisterungsfähigkeit ist dabei ein besonderer Erfolgsfaktor.[66]

---

66 Olesch, G. 2021 d.

Die Begeisterungsfähigkeit eines guten Verkäufers für sein Produkt und seine Überzeugung ist ein wesentlicher Erfolgsfaktor, über den ein HR-Steering-Partner verfügen muss. Daher muss er sich in dieser emotionalen Kompetenz weiterentwickeln. Schließlich gehört zu einem guten und überzeugenden Top-Manager eine gehörige Portion positiver Ausstrahlung.

Fazit:
Menschen, die zur Unternehmensleitung gehören, müssen motivieren, ja mitreißen und begeistern können. Nur dann folgen ihnen die Mitarbeitenden. Ich sehe das als eine der wichtigen Herausforderungen an einen HR-Manager, der in die Unternehmensleitung aufgenommen werden und dort erfolgreich tätig sein will. Nun sind Personalverantwortliche nicht selten eher nüchterne, sachliche Typen. Sie sollten sich an guten Vertriebs- und Marketingkollegen und deren hoher Begeisterungsfähigkeit orientieren. Die besten Argumente wirken wenig, wenn neben dem Kopf nicht auch das Herz angesprochen wird. Das kann man sich durch Trainings und Coaching z. T. aneignen, aber vor allem muss man es wollen. Begeisterung kann man nur vermitteln, wenn man mit Mut an seine Visionen und an die eigenen Fähigkeiten glaubt.

Denn nur wer ein Leuchten in den eigenen Augen hat, lässt das Leuchten in den Augen anderer erstrahlen.

15.5   Der HR-Manager als Visionär

Mit Personalthemen kann man am besten überzeugen, wenn man selbst an den Erfolg glaubt und diese Überzeugung glaubwürdig vertritt. Hier spreche ich vom HR-Manager als Visionär und Missionar. Er sollte sich wie ein guter Verkäufer verhalten. Auch wenn beim ersten und zweiten Mal der Kunde kein Interesse zeigt, bleibt er am Ball und wird durch den Glauben an sein Produkt den Kunden schließlich doch gewinnen. Wie eine gute Unternehmensleitung, die, wenn ihr der Wind ins Gesicht bläst, nie aufgibt und dabei immer die Zukunft und die eigene Vision im Auge behält.

15.6   Zukunftschancen für HR-Manager

Die Chancen für HR-Manager, in die Unternehmensleitung aufzusteigen, sind vorhanden. Die demografische Entwicklung, Digitalisierung, New Work und VUCA stellen unsere Unternehmen vor gewaltige Herausforderungen. Bis 2030 wird die Anzahl der Fachkräfte in Deutschland stark zurückgehen. In 2030 werden wir Millionen weniger arbeitende Menschen haben. Mit proaktiven Maßnahmen können die HR-Manager, die diese Herausforderungen annehmen, im Unternehmen punkten. Unsere Mitarbeitenden sind die Antriebskräfte der Unternehmen. Ohne sie werden wir unsere starke weltweite Exportposition nicht halten können. Durch intelligente, strategische und vorausschauende Personalstrategien und deren erfolgreiche Umsetzung können wir, die HR-Verantwortlichen, den Erfolg unserer Unternehmen entscheidend mitgestalten. Es ist unsere Chance zum Erfolg, nutzen wir sie!

16 HR-Manager in Beirat und Aufsichtsrat

»HR-Arbeit ist eine wichtige Aufgabe im Unternehmen!«, sagen die HR-Verantwortlichen. Wird das so auch von den anderen Unternehmensmanagern gesehen? »Es kommt darauf an.« In meinen 20 Jahren als Geschäftsführer HR habe ich auf Kongressen und Konferenzen die unterschiedlichsten Erfahrungen sammeln können. Gerade wenn man Referent ist, kommt man leicht in einen direkten Gedankenaustausch mit anderen HR-Managern. In zahlreichen Gesprächen konnte ich feststellen, dass nur in wenigen Unternehmen der HR-Manager im Top-Management ist. Viele berichten an den CFO oder CEO. Die Durchschlagskraft kann dabei nie so stark sein, als wenn man selbst im Top-Management ist.

Der HR-Manager im Top-Management benötigt bei all seiner Arbeit auch die Unterstützung des Aufsichtsrates in der AG oder des Beirates in der GmbH. Im Aufsichtsrat von Kapitalgesellschaften sind häufig Gewerkschaften und Betriebsräte vertreten, die ihrerseits dem Thema HR eine mehr politische Ausrichtung haben. Das ist in GmbHs selten vorhanden. Eine GmbH kommt meistens im Mittelstand vor, der gerade in Deutschland der eigentliche Motor von Wachstum, Beschäftigung und Ausbildung im eigenen Land ist. Klassische Beiräte sind primär mit Finanz-, Technik- und Strategieexperten besetzt, die keinen originären Fokus auf HR-Themen setzen, sodass diese wenig Berücksichtigung finden können. Daher sehe ich es als sehr wichtig an, dass in einem Beirat und Aufsichtsrat erfahrene und erfolgreiche HR-Manager tätig sind. Diese können sich für das Thema HR einsetzen und den HR-Verantwortlichen im Management eines Unternehmens stärken. Beirat bzw. Aufsichtsrat sind die höchsten Instanzen, die das Top-Management eines Unternehmens unterstützen und auch kontrollieren sollen.[67]

Wie geht es nun, dass HR-Kompetenz in so ein Aufsichtsgremium einfließen kann? Die Mitglieder dieser Gremien sind primär Vorstände oder Geschäftsführer, aber auch Manager aus der zweiten Ebene und verfügen über viele Jahre Berufserfahrung. Um die entsprechende HR-Kompetenz in ein Aufsichtsgremium einzubringen, sollten erfahrene und erfolgreiche HR-Manager sich als Beiräte oder Aufsichtsräte zur Verfügung stellen. Ich selbst mache dies seit einigen Jahren und kann so die HR-

---

67 Olesch, G. 2019.

Kompetenz der Unternehmen, wo ich als Beirat tätig bin, stärken. Daher möchte ich HR-Manager ermutigen, sich als Beirat und Aufsichtsrat zur Verfügung stellen. Es gibt im Internet genügend Personalberater, die solche Positionen besetzen möchten.

Der Weg in das oberste Gremium ist steinig für HR-Manager. Ich halte es jedoch für richtig, diesen Weg zu gehen, um ein Unternehmen durch die Fokussierung auf HR noch erfolgreicher zu machen. Man sollte ein missionarisches Interesse haben, um als Kämpfer für HR aufzutreten. Es lohnt sich auf jeden Fall für alle, deren Herz kräftig für die Menschen im Unternehmen schlägt.

Video: Interview zum Thema HR-Manager in Beirat bzw. Aufsichtsrat

17 Epilog

Mit diesem Buch möchte ich Sie überzeugen, eine exzellente Unternehmenskultur als eine der wichtigsten Voraussetzungen für den Unternehmenserfolg zu betrachten. Ich habe Ihnen Wege beschrieben, die ich mit meinem Team gemeinsam gegangen bin, um Phoenix Contact zu einem Arbeitgeber zu entwickeln, wo Mitarbeitende, Kunden und Geschäftspartner begeistert werden. Dabei habe ich Ihnen weniger theoretisches Wissenschafts- oder Berater-Know-how vermittelt, sondern die eigenen praktischen Erfahrungen. Denn Arthur Schopenhauer hat gesagt:

> *Die eigene Erfahrung hat den Vorteil völliger Gewissheit.*
> (Arthur Schopenhauer)

Video: Unternehmenskultur bei Phoenix Contact

Mir dienten stets bekannte Vordenker und ihre Gedanken als Anregung und Ermutigung. Einige habe ich bereits in den Kapiteln zitiert. Einige füge ich noch in den Epilog ein, um Ihnen, lieber Leserinnen und Leser, Anlass zum Sinnieren zu geben und für die zukünftigen Herausforderungen Mut zuzusprechen. Es war ein anstrengender und herausfordernder Weg, eine exzellente Unternehmenskultur zu gestalten. Nicht selten erfuhr ich starken Gegenwind. Allerdings:

> *Mit etwas Geschick kann man aus den Steinen,*
> *die einem in den Weg gelegt werden, eine Treppe bauen.*
> (Chinesisches Sprichwort)

> *Wir können den Wind nicht ändern,*
> *aber wir können unsere Segel richtig setzen.*
> (Aristoteles)

In Deutschland sind wir bei neuen Gegebenheiten und Herausforderungen zurückhaltend bis ängstlich. Wir haben jedoch gute Voraussetzungen, die es mit unseren
Technologien ermöglichen, weiterhin zur Weltspitze zu gehören. Wir sollten daher
mutiger vorangehen. Die eingangs angeführten Visionäre – Bill Gates, Elon Musk und
Steve Jobs – haben ihre Produkte stets gut präsentiert und vermarktet. Das fehlt aus
meiner Sicht manchmal bei HR-Managern, da sie gerne eine gewisse Zurückhaltung
an den Tag legen. Liebe HR-Mangerinnen und -Manager! Vermarkten Sie Ihre Erfolge
im richtigen Rahmen im Unternehmen und in der Öffentlichkeit, damit sie auch richtig wahrgenommen werden. Behalten Sie dazu vielleicht das folgende spannende
Experiment zur sozialen Wahrnehmung in Erinnerung:

> Ein Straßengeiger spielte wunderbar auf seiner Geige in der New Yorker U-
> Bahn. Er spielte vier Jahreszeiten von Vivaldi, Ave Maria von Schubert, die
> Mondscheinsonate von Beethoven. Ca. 1000 Leute gingen an ihm vorbei. Nur 7
> blieben für eine Minute stehen. 27 Personen haben Geld gespendet, insgesamt
> 32,17 $. Es war Joshua Bell, einer der besten Geiger der Welt. Er verdient 60.000
> Dollar pro Konzert. Seine Stradivari hat einen Wert von 3,5 Mio. USD. Nur weil
> er sich »nicht gut präsentiert« hat und es nicht der richtige Rahmen war, wurde
> seine wunderbare Musik kaum wahrgenommen.[68]

Um die Herausforderungen einer exzellenten Unternehmenskultur erfolgreich anzu-
gehen, braucht es vor allem eine positive innere Einstellung und Haltung. Diese zu
entwickeln, liegt an uns selbst. Denken Sie an diese Anekdote über den Dalai Lama:

> Der Dalai Lama wurde einmal von einem seiner Schüler gefragt: »Meister, sie
> wirken immer so zufrieden und so ausgeglichen. Haben sie nicht auch mal
> schlechte Gefühle.« Dalai Lama antwortete darauf: »In meiner Brust wohnen
> stets zwei Wölfe, die häufig miteinander kämpfen. Einer ist der Wolf der Dunkel-
> heit, der Angst, des Misstrauens und der Verzweiflung. Der andere ist der Wolf
> des Lichtes, der Lust und der Lebensfreude.« Der Schüler fragte: »Und welcher
> der beiden gewinnt?« Dalai Lama antwortete: »Der Wolf, den ich füttere.«

Liebe Leserinnen und Leser, füttern Sie den richtigen Wolf. Es ist Ihre Wahl und Sie
können es schaffen. Ich hoffe, ich konnte Sie mit meinem Buch inspirieren, sich für

---

68   Vgl. Fischer, C. 2015.

eine exzellente Unternehmenskultur einzusetzen. Mir hat es stets große Freude bereitet, daran zu arbeiten, dass die Mitarbeitenden sich wohlfühlen und das Unternehmen dadurch erfolgreicher wird. In diesem Sinne habe ich mich auch bei Phoenix Contact verabschiedet, wie Sie unter dem abschließenden Video-Link nacherleben können. – In diesem Sinne wünsche ich Ihnen viel Gutes auf Ihrer HR-Reise

Ihr Gunther Olesch

Video: Verabschiedungsworte bei Phoenix Contact zur Unternehmenskultur

18 Anhang 1: Das Kompetenzmodell von Phoenix Contact

Basiskompetenzen
Kooperativ zusammenarbeiten
Offene und vertrauensvolle Zusammenarbeit in all unseren internen und externen Beziehungen
Das gemeinsame Ziel in den Vordergrund des Handels stellen
... löst Aufgaben in Zusammenarbeit
... kommuniziert auf Augenhöhe
... fördert Vielfalt und Diversität in Teams
... gibt und nimmt Feedback konstruktiv
... stellt das gemeinsame Ziel und Unternehmensinteresse in den Vordergrund des Handelns
... teilt Informationen mit anderen
... schenkt Vertrauen
... würdigt Ideen anderer
... ist zu Kompromissen bereit
... nimmt Perspektivwechsel vor
Zielgerichtet und überzeugend kommunizieren:
Klare und prägnante Übermittlung von Informationen und Ideen an einzelne Personen und Gruppen
Fokussierte und überzeugende Kommunikation, die die Aufmerksamkeit der Zuhörer weckt und aufrechterhält
... kommuniziert klar, verständlich und authentisch
... vermittelt Inhalte zielgruppenorientiert und überzeugend
... kann begeistern und andere für sich gewinnen
... passt Sprache und Ausdruck den Gesprächspartnern an
... weckt und hält die Aufmerksamkeit der Zuhörer aufrecht

… geht auf Botschaften, Informationen und Aussagen anderer ein und reagiert angemessen

… regt zu Perspektivwechseln an und berücksichtigt unterschiedliche Sichtweisen

… führt Meetings und Gespräche ziel- und ergebnisorientiert

… kommuniziert auch in Konfliktsituationen besonnen und souverän

Eigeninitiative zeigen und sich engagieren

Engagement für den eigenen Verantwortungsbereich und das Unternehmen

Einbringen eigener Ideen

Aktivwerden und Lösungssuche im Rahmen der Werte

… handelt proaktiv

… schafft pragmatische Lösungen

… setzt sich engagiert für die Erreichung vereinbarter Ziele ein

… ist intrinsisch motiviert

… bringt eigene Ideen ein

… arbeitet selbstständig und nutzt gegebene Gestaltungsräume

… fordert eine hohe Ergebnisqualität von sich und anderen

… sucht aktiv nach Lösungen und übernimmt Verantwortung dafür

… hat einen hohen Anspruch an die eigene Leistung

… identifiziert sich mit dem Unternehmen Phoenix Contact und seinen Aufgaben

Lern- und veränderungsbereit sein

Neugierde gegenüber neuen Herausforderungen aufgrund technologischer und gesellschaftlicher Veränderungen

Offenheit und Interesse gegenüber neuen Möglichkeiten, um Chancen für Phoenix Contact zu nutzen

… setzt sich mit Veränderungen auseinander und sieht diese als Chance

… ist offen für Neues

… erkennt Veränderungsbedarf im eigenen Verantwortungsbereich

… hinterfragt Bestehendes und prüft auf Sinnhaftigkeit

… leitet Veränderungsmaßnahmen ab

… reflektiert die eigenen Stärken und Lernfelder realistisch

… ist interessiert an kontinuierlicher fachlicher wie persönlicher Weiterentwicklung

… ist neugierig

… ergreift eigeninitiativ Möglichkeiten zur Weiterentwicklung

… passt Verhalten flexibel veränderten Bedingungen an

Kundenorientiert und verantwortungsbewusst handeln

Den Kunden in den Mittelpunkt des Handelns stellen

Verantwortungsbewusstes Umgehen mit Ressourcen und Sicherstellen einer hohen Qualität

… kennt die Bedarfe der internen und externen Kunden

… wägt Interessen gegeneinander ab

… pflegt einen engen Kontakt zum externen und internen Kunden

… hält Zusagen, ist verlässlich

… bemüht sich um Optimierung von Kundenlösungen und -services

… zeigt persönliches Engagement, um die Kundenerwartungen zu erfüllen

… geht verantwortungsvoll mit Ressourcen und Arbeitsmitteln um

… macht sich die Konsequenzen des eigenen Handels bewusst

Fach- und Methodenkompetenz

Fachkompetenz:

Verfügen über das für die entsprechende Position notwendige Fachwissen

Kontinuierlicher Ausbau und sinnvolle Anwendung des Fachwissens

… verfügt über das für den eigenen Verantwortungsbereich notwendige Fachwissen

… wendet das notwendige Fachwissen sicher und zielführend an

… erweitert die eigenen Kenntnisse kontinuierlich

… setzt sich mit neuen Konzepten, Ideen und fachlichen Neuerungen auseinander

Methodenkompetenz:

Verfügen über die für die entsprechende Position notwendigen Arbeitsmethoden

Kontinuierlicher Ausbau und sinnvolle Anwendung dieser Methoden

… kennt die für den eigenen Verantwortungsbereich notwendigen Methoden und Arbeitsweisen

… wendet sie sicher an

… erweitert die eigenen Kenntnisse kontinuierlich

… setzt sich permanent mit neuen Arbeitsformen, -methoden und -weisen auseinander und wägt diese auf Einsetzbarkeit ab

… wagt Neues und ermutigt andere

Digitale Kompetenzen auf- und ausbauen

Fähigkeit zum Erkennen von Veränderungen aufgrund der Digitalisierung

Fähigkeit zur Anwendung digitaler Technologien

Vorantreiben der digitalen Transformation von Geschäftsprozessen

… geht sicher mit modernen Informations- und Kommunikationsmedien um

… ist bereit, sich mit neuen digitalen Methoden und Arbeitsweisen auseinanderzusetzen

… stellt Datenschutz sicher

Business Kompetenz

Unternehmerisch und innovativ handeln

Nutzung eigener Kenntnisse über die wichtigsten Markttreiber sowie technologische, wirtschaftliche, soziale und politische Trends im Gesamtzusammenhang

Dies mit Ziel der Wettbewerbsfähigkeit

… hat ein Gespür für den Markt und seine Bedarfe

… kennt aktuelle Trends und hält sich stets auf dem Laufenden

… fokussiert auf den Kundennutzen

… schafft und nutzt gestalterische Freiräume

… bringt kreative Ideen

… nutzt Experimente, Rapid-Prototyping oder MVPs (minimal variable product)

… geht bewusst neue Wege

… erkennt Verbesserungspotentiale

… macht mutige Schritte und würdigt mutige Schritte anderer

… sorgt für kostenbewussten und nachhaltigen Umgang mit Ressourcen

Entscheidungen treffen und umsetzen

Treffen von Entscheidungen im eigenen Verantwortungsbereich

Für die konsequente Umsetzung getroffener Entscheidungen sorgen

… holt Informationen ein und bewertet sie

… berücksichtigt verschiedene Perspektiven

… kennt verschiedene Entscheidungswege

… bindet relevante Schnittstellen ein

… identifiziert Entscheidungskriterien und wägt sie gegeneinander ab

… trifft Entscheidungen zeitnah

… wägt Handlungsalternativen und Argumente objektiv ab

… ist lösungsorientiert

… setzt sich wirkungsvoll und konsequent für die beste Entscheidung im Sinne von Phoenix Contact ein

… steht hinter den Entscheidungen und überzeugt andere

Strategien entwickeln und verfolgen

Erkennen von zukünftigen Trends, Auswirkungen und Möglichkeiten und Ableiten geeigneter Strategien

Erkennen von Wettbewerbsvorteilen und Sichern der Zukunftsfähigkeit

… setzt sich mit langfristigen Markttrends und Umwelteinflüssen auseinander

… kennt Wirkungszusammenhänge und Einflussfaktoren auf die Wertschöpfungskette

… analysiert Einflussfaktoren auf das Geschäftsergebnis und bereitet sie für Entscheidungsvorlagen auf

… behält auch bei komplexen Sachverhalten den Blick für das Wesentliche

… leitet aus Analysenergebnisse, Schlüsselkriterien für den langfristigen Erfolg ab

… formuliert langfristige Ziele bzw. eine Vision

… bringt die Vision des eigenen Geschäftsbereiches mit der des gesamten Unternehmens in Einklang

… bricht Strategien in Meilensteine bzw. Zwischenschritte herunter

… vermittelt den Sinn der Strategien und nimmt Mitarbeitende mit

… bietet Unterstützung bei der Umsetzung der Strategien

Netzwerke aufbauen und pflegen

Aufbau und Förderung von effizienten Netzwerken innerhalb und außerhalb des Unternehmens sowie national und international mit dem Ziel, den Unternehmenserfolg zu maximieren

… erkennt Möglichkeiten einer Partnerschaft

… fördert den Wissensaustausch zwischen internen und externen Partnern

… identifiziert Synergieeffekte und nutzt sie

… etabliert eine Kultur, in der Wissenstransfer und Transparenz gefördert werden

… fördert Vielfalt und Diversität und sieht sie als Wettbewerbsvorteil

… nutzt Empathie, um den Mehrwert des Netzwerks für alle Partner zu maximieren

… setzt das in Netzwerken erlangte Wissen gewinnbringend im eigenen Unternehmen um

… behält das Gleichgewicht der Austauschbeziehung im Blick

Komplexität erfassen und managen

Durchdringen von komplexen Herausforderungen und Problemen

Analyse der Ursachen und Ausgangssituation und Ableiten geeigneter Lösungsmöglichkeiten

Effektiv handeln, auch unter schwierigen Rahmenbedingungen

… erfasst komplexe Sachverhalte schnell

… kann komplexe Sachverhalte sinnvoll auf das Wesentliche reduzieren

… erkennt bereichsübergreifende Zusammenhänge

… analysiert Situationen durch vertiefende Fragen

… berücksichtigt bei Lösungsvorschlägen übergreifende Einflussfaktoren

… schlägt Handlungsalternativen vor

… kann Handlungsalternativen sinnvoll gegeneinander abgrenzen

… bewertet Risiken und findet nachhaltige Lösungen

Mit Unsicherheiten umgehen

Achtsamer Umgang mit den eigenen Ressourcen und Kräften

Konstruktiver Umgang mit Stress und Druck

Handlungsfähig bleiben auch in emotional schwierigen, unsicheren Situationen

… trägt Informationen zusammen und konzentriert sich auf Fakten

… stellt die Handlungs- und Entscheidungsfähigkeit sicher

… wägt Entscheidungsalternativen und deren Risiko ab

… vermittelt Souveränität und bewahrt Ruhe

… stellt sich schnell auf veränderte Bedingungen ein und passt sein Verhalten und seine Einstellung an

… empfindet neue Herausforderungen als motivierend

… lässt eine optimistische Grundhaltung erkennen

… verfügt über Methoden zur Reduzierung von Unsicherheit

… geht mit eigenen Ressourcen achtsam um

Führungskompetenz

Menschen fördern und fordern

Binden und Entwickeln von Mitarbeitenden, um gegenwärtige und zukünftige Business-Anforderungen zu erfüllen

… erkennt individuelle Stärken und Kompetenzen und baut sie zielgerichtet aus

… gibt Orientierung und delegiert Verantwortung entsprechend dem Reifegrad der Mitarbeitenden

… schafft Transparenz über das aktuelle Leistungsniveau und erkennt Überlastungen

… befähigt zur eigenständigen Problemlösungs- und Entscheidungsfindung und baut Hürden ab

… unterstützt die Mitarbeitenden bei der Erreichung von Zielen

… gibt zeitnah, ehrliches, wertschätzendes und konstruktives Feedback

… fordert mit Fragen und konfrontiert mit unterschiedlichen Sichtweisen

… identifiziert Potentialträger im eigenen Team

… schafft Lern- und Entwicklungsmöglichkeiten über den eigenen Bereich hinaus

… fördert die Eigenverantwortung der Mitarbeitenden für ihre Entwicklung

Teams gestalten und nachhaltig führen

Bilden von motivierten Teams, die ihre unterschiedlichen Fähigkeiten, Stärken und Perspektiven nutzen, um die Unternehmensziele zu erreichen

Schaffen eines Arbeitsumfelds, in dem die Teams effizient, effektiv und nachhaltig agieren können

… bildet interdisziplinäre Teams

… begeistert und stärkt den Zusammenhalt des Teams durch Sinnstiftung und Erläuterung der Aufgabenbedeutung

… formuliert motivierende und herausfordernde Teamziele

… achtet auf persönliche Stärken und Bedürfnisse der Teammitglieder

… stellt einheitliche Prozesse und Kommunikationsabläufe sicher und klärt Verantwortlichkeiten

… feiert Erfolge und nutzt Gelegenheiten, um Teamleistung zu fördern

… fördert kollegiale Teamberatung

… schafft ein positives Teamklima und managt Konflikte auf faire und wertschätzende Weise

… befähigt das Team zur eigenständigen Problemlösungs- und Entscheidungsfindung und baut Hürden ab

… steht hinter dem Team und tritt für die gemeinsamen Ziele auch gegen Widerstände ein

Zielorientiertes und konsequentes Führen

Fähigkeit, Mitarbeitende auf gemeinsame Ziele auszurichten, Aktivitäten auf Ziele zu bündeln, klare Ziele zu formulieren und die Zielerreichung konsequent zu verfolgen

Eigene Ziele aus den übergeordneten Unternehmenszielen ableiten

… formuliert klare Ziele und Erwartungen und bespricht sie mit Mitarbeitenden

… vermittelt Bedeutung und Sinn von Zielen und kann Mitarbeitende für die Ziele gewinnen

… stellt den Zusammenhang von Zielen zur Strategie her

… leitet Einzelziele aus Strategien und Visionen ab

… übersetzt Ziele in Zielkennzahlen (KPI) und verfolgt deren Erreichung

… hält Meilensteine und Zwischenergebnisse nach

… baut Hürden ab

… greift bei Zielabweichung korrigierend ein und handelt schnell und effektiv

… spricht wiederholte Fehler und Fehlverhalten offen an und leitet Konsequenzen ab

… agiert als Vorbild für zielorientiertes Denken und Handeln

Verantwortung übertragen

Gewährung von geeigneten Handlungs- und Gestaltungsfreiräumen, um Innovationsfähigkeit langfristig sicherzustellen

… ermutigt Mitarbeitende, herausfordernde Aufgaben anzunehmen und sich Neuem zu stellen

… schafft Freiräume zur Gestaltung von Lösungen

… befähigt zum selbstständigen und ganzheitlichen Handeln

… delegiert Aufgaben entsprechend dem Reifegrad

… vermittelt bei der Delegation von Aufgaben und Themen Sinnhaftigkeit und Bedeutung für den Unternehmenserfolg

… geht offen mit Fehlern um und reflektiert das Ergebnis

… stellt die Ressourcen zur Verfügung, die zur Erarbeitung und Umsetzung von Lösungen benötigt werden

… gibt aktiv eigene Verantwortung ab und akzeptiert damit einhergehende geringere eigene Einflussnahme und Kontrollmöglichkeiten

… vermeidet Mikromanagement

Veränderungen gestalten insbesondere bei der Digitalisierung

Erkennen und Vorantreiben von organisatorischen und kulturellen Veränderungen, um Phoenix Contact strategisch an sich ändernde Marktanforderungen, Technologien oder interne Neuausrichtungen anzupassen

… identifiziert Veränderungspotentiale, um Wettbewerbsvorteile zu sichern

… ermittelt Chancen und Risiken für Veränderungen

… fördert den Mut der Mitarbeitenden, auch mal andere Wege zu gehen und Bestehendes in Frage zu stellen

… nutzt Best-Practices

… leitet Maßnahmen zur Veränderung ein und treibt die Umsetzung voran, indem Pläne erstellt und verfolgt werden

… ist Vorbild für Veränderungsprozesse

… passt das eigene Denken und Handeln den Veränderungsbedarfen an

… unterstützt die Mitarbeitenden bei der Umsetzung von Veränderungen

… zeigt bei Veränderungsprozessen Verständnis für Sorgen von Mitarbeitenden

19 Anhang 2: Leadership Principles von Phoenix Contact

Vorbild

Wir leben unsere Vision, Mission und Kultur und gehen mit gutem Beispiel voran.

Wir geben über Vision, Ziele, Feedback und Dialog Orientierung, um Komplexität und Unsicherheit in Zeiten von VUCA zu bewältigen.

Wir sind offen und lernbereit und arbeiten aktiv an der Erreichung unserer vereinbarten Ziele.

Wir leben Verhalten vor, das wir von anderen erwarten.

Wir handeln im Einklang mit unseren Werten und dem Global Compact.

Vertrauen

Wir vertrauen einander und sind zuverlässige Partner in all unseren Beziehungen.

Wir lassen unseren Worten Taten folgen.

Wir geben Unterstützung und übernehmen Verantwortung für unsere Mitarbeitenden und unsere Entscheidungen.

Wir handeln professionell, konsistent und integer.

Ergebnisorientierung

Wir erschaffen Werte und verpflichten uns dem nachhaltigen Erfolg.

Wir erzielen eine hohe Qualität, technologische Innovationen und inspirierende Lösungen, um eine führende Position in all unseren Industrien zu erreichen.

Wir treffen ganzheitliche Entscheidungen und vermeiden Silo-Denken.

Wir bauen Hürden ab, um unsere Mitarbeitenden zu befähigen.

Wir ermutigen unsere Mitarbeitenden, herausfordernde Ziele anzunehmen und sie zugunsten einer Leistungskultur umzusetzen.

Wir fördern Wachstum, Effizienz und Profitabilität, um unsere Unabhängigkeit zu gewährleisten.

Wir evaluieren unseren Fortschritt bei der Erreichung unserer Ziele und versuchen stets, uns zu verbessern.

Unternehmergeist

Wir schaffen Freiräume und Möglichkeiten, Fortschritt und Innovation zu fördern.

Wir nutzen Experimente, um schnell zu lernen und die Realisierbarkeit unserer Lösungen zu prüfen.

Wir gehen bewusst neue Wege und fördern aktiv neue Ideen.

Wir würdigen mutige Schritte zur Verwirklichung unseres Anspruchs als Wegbereiter von Innovation.

Wir befähigen unsere Mitarbeitenden, mit zukunftsorientiertem Denken und Offenheit zum Unternehmergeist beizutragen, ohne ein gesundes Augenmaß zu verlieren.

Respekt und Wertschätzung

Wir sind verantwortlich für ein positives Arbeitsumfeld, bieten sinnstiftende Tätigkeiten und handeln empathisch.

Wir erkennen die Leistung und das Engagement unserer Mitarbeitenden an.

Wir passen unser Führungsverhalten auf die Bedarfe und Situationen unserer Mitarbeitenden an.

Wir handeln ehrlich und fair und kümmern uns um unsere Mitarbeitenden.

Wir respektieren und schätzen Diversität.

Wir fördern ein ausgewogenes Verhältnis von Arbeit und Privatleben und einen achtsamen Umgang mit den Ressourcen unserer Mitarbeitenden.

Wir sorgen für eine gesundheitsförderndes und sicheres Umfeld.

Kommunikation und Dialog

Wir fördern einen zeitnahen und offenen persönlichen Dialog und kommunizieren auf Augenhöhe.

Wir stellen sicher, dass alle die Sinnhaftigkeit und Bedeutung ihrer Aufgaben verstehen.

Wir hören aufmerksam zu und diskutieren konstruktiv.

Wir hinterfragen uns selbstreflektiert und nehmen Feedback an.

Wir bestärken unsere Mitarbeitenden in der Nutzung fortschrittlicher Kommunikationstechniken und -medien.

Wir fördern gegenseitiges Verständnis und bilden vertrauensvolle Netzwerke.

Wir informieren zeitnah, umfassen und zielgruppenorientiert.

Förderung und Entwicklung

Wir befähigen unsere Mitarbeitenden und unterstützen sie in der vollen Ausschöpfung ihres Potentials.

Wir fördern bereichsübergreifende Lernmöglichkeiten und internationalen Austausch.

Wir entwickeln die individuellen Stärken und Kompetenzen unserer Mitarbeitenden im Einklang mit unserer Strategie.

Wir fördern Eigenverantwortung der Mitarbeitenden bei der aktiven Gestaltung ihrer Entwicklung.

Wir berücksichtigen laterale, horizontale und vertikale Entwicklungsschritte.

Literatur

Arbeitgeber Metall+Elektro, 2019.

Artmann, T: Betriebliches Gesundheitsmanagement – Neue Erfolgsstrategien für Unternehmen. Haufe, 2019.

Brink, A.: Wirtschafts- und Unternehmensethik. Springer, 2020.

Bruch. H./Fischer, J. A.: Mit Energie und Engagement im Unternehmen den Wettbewerb gewinnen. Trendstudie, 2014.

Bruch, H./Vogel, B.: Organisationale Energie. Gabler, 2015.

Deaton, A.: VUCA Tools for a VUCA World. Copywrited Material, 2018.

Deutschland/BIP-Wachstumsrate, 2020.

Fischer, C.: Deutschlandfunk Kultur, 2015.

Frickenschmidt, S./Quenzler, A.: Wahre Schönheit kommt von innen. In: Personalführung, 8, 2012.

Ernst & Young: The Business Case for Purpose. Harvard Business Review, 2015.

Gallup-Studie Deutschland, 2021.

Kaufmann, T.: Geschäftsmodelle in Industrie 4.0 und dem Internet der Dinge: Der Weg vom Anspruch in die Wirklichkeit, Springer Verlag, 2015.

Kleine, B./Rosmanith, W.: Hormone und Hormonsystem – Lehrbuch der Endokrinologie, Springer Spektrum, 2020.

Lasko, W.W./Busch, P.: Strategie Umsetzung Profit. Gabler Verlag, 2007.

Lemmer, R.: Wertvolles Gütesiegel. In: Personal, 2, 2011.

Manzei, C./Schleupner, L. (Hrsg): Industrie 4.0 im internationalen Kontext: Kernkonzepte, Ergebnisse, Trends. VDE-Verlag, 2015.

Maslow, A.: A Theory of Human Motivation, Psychological Review, 2017.

Olesch, G.: Praxis der Personalentwicklung. Sauer Verlag, 1988.

Olesch, G.: Soziale Verantwortung für Arbeitsplätze. In: Personal, 9, 2006.

Olesch, G.: Visionen entwickeln und Mitarbeiter begeistern. In: Personalwirtschaft, 8, 2010 a.

Olesch, G.: Ethik managen. In: Personal, 7 – 8, 2010 b.

Olesch, G.: Exzellente Unternehmensführung mit Corporate Responsibility. Personalwirtschaft, 10, 2010 c.

Olesch, G.: Innovation durch Human Resources und Unternehmenskultur. In: Happe, G. (Hrsg.): Innovationsfähigkeit sichern, Gabler, 2011.

Olesch, G.: Die Marke macht's. In: Personalwirtschaft, 3, 2012.

Olesch, G.: Visionen und Mut in HR. In: Personalwirtschaft, 4, 2013 a.

Olesch, G.: Ein Blick in die HR-Bilanz. In: Personalmagazin, 6, 2013 b.

Olesch, G.: Kulturarbeit bringt Wertschöpfung. In: Personalwirtschaft, 12, 2013 c.

Olesch, G.: Steering Partner statt Business Partner. In: Schwuchow, K./Gutman, J., (Hrsg.): Jahrbuch der Personalentwicklung 2013, Haufe Lexware, 2013, d.

Olesch, G.: Gutes Branding zahlt sich aus. In: Personalmagazin, 12, 2014.

Olesch, G.: Unternehmenskultur als »Marke« zum wirtschaftlichen Erfolg. In: Widuckel, W. de Molina, K., Ringlstetter, M., Frey, D. (Hrsg.): Arbeitskultur 2020, Springer Gabler, 2015.

Olesch, G.: Neue Wege in der Sozialpartnerschaft. In: Personalführung, 7 – 8, 2015.

Olesch, G.: Der Weg zum attraktiven Arbeitgeber. Haufe Verlag, 2. Auflage 2016 a.

Olesch, G.: Wirtschaftlicher Erfolg durch exzellentes Gesundheitsmanagement. In: Gutmann, J. (Hrsg.): Betriebliche Gesundheit managen – ein Praxisleitfaden. Haufe 2016 b.

Olesch, G.: Ängste abbauen, Mut machen. In: Personalmagazin, 4, 2017.

Olesch, G.: HR-Manager an die Macht. In: Personalmagazin, 6, 2019,

Olesch, G.: Personalstrategie als Erfolgsfaktor. In: Wagner, D. (Hrsg.) Praxishandbuch Personalmanagement, 2. Auflage, Haufe, 2020.

Olesch, G.: Rolle vor HR bei der humanzentrierten Digitalisierung. In: Petry, T./Jäger, W. (Hrsg.): Digital HR, Haufe, 2021 a.

Olesch, G.: Wie gewinnt HR mehr Terrain? In: Personalmagazin, 4/5, 2021 b.

Olesch, G.: HR Partner 2021 – Das zukunftsorientierte Personalmanagement. In: Schwuchow, K./Gutmann, J. (Hrsg.): HR-Trends, Haufe, 2021 c.

Olesch, G.: Eine Unternehmensleitung muss Mitarbeiter begeistern können. In: Markt & Technik, 6, 2021 d.

Pelz, W.: Transformationale Führung – Forschungsstand und Umsetzung in der Praxis. In: Au, Corinna von (Hrsg.): Leadership und angewandte Psychologie. Band 1: Wirksame und nachhaltige Führungsansätze. Berlin: Springer Verlag, 2016.

Peter, L.J./Hull, R.: Das Peter-Prinzip oder: Die Hierarchie der Unfähigen. rororo, 2001.

Precht, D.: Jäger, Hirten, Kritiker: Eine Utopie für die digitale Gesellschaft. Goldmann, 2018.

Riedel, T.: Agile Personalauswahl. Haufe, 2017.

Sackmann, S.: Unternehmenskultur: erkennen, entwickeln, verändern. Springer Gabler, 2017.

Sinek, S.: Find your why. Redline Verlag, 2017.

Ulrich, D.: The Future of Human Resources Management, John Wiley & Sons, 2005.

Verwiebe, R: Werteh und Wertebildung aus interdisziplinärer Perspektive. Springer, 2019.

Watzlawick, D.: Man kann nicht nicht kommunizieren, Huber Verlag Bern, 2011.

Willkomm, D.: Roadmap durch die VUCA-Welt, Uvk Verlag, 2021.

Wühle, M.: Nachhaltiges Management. Springer Gabler, 2019.

Stichwortverzeichnis